Die Berechnung elektrischer Freileitungen

nach wirtschaftlichen Gesichtspunkten.

Von

Dr.-Ing. W. Majerczik,

Berlin.

Mit 10 in den Text gedruckten Figuren.

Springer-Verlag Berlin Heidelberg GmbH
1910

ISBN 978-3-662-32465-3   ISBN 978-3-662-33292-4 (eBook)
DOI 10.1007/978-3-662-33292-4

Inhaltsverzeichnis.

Einleitung.

Wenn man den Stromkreis eines Elektrizitätswerkes in seiner Gesamtheit, von den Generatoren in der Zentrale angefangen bis zu den Lampen und Motoren der Konsumenten, betrachtet, so kann man daran drei Hauptteile unterscheiden: die Energieerzeugungs-Anlage, die Leitungsanlage und die Installationen der Stromabnehmer. Beobachtet man diese drei Teile in ihrem Betriebe während eines längeren Zeitraumes, etwa eines Tages oder eines Jahres, so ergibt sich folgender Hauptunterschied zwischen der Zentrale und den Hausinstallationen einerseits und der Leitungsanlage — zu der bei großen Werken außer den Hoch- und Niederspannungsleitungen auch noch die Transformatorenstationen zu rechnen sind — andererseits. In der Zentrale und bei den Konsumenten werden, den jeweiligen Bedürfnissen der Belastung entsprechend, Maschinen bzw. Lampen und Motoren zu- oder abgeschaltet, d. h. der Betrieb wird durch die Vermehrung oder Verminderung der Zahl der Strombahnen nach Möglichkeit ökonomisch gestaltet. Bei der Leitungsanlage im engeren Sinne des Wortes aber findet ein solches Zu- oder Abschalten von Strombahnen im Betriebe nicht statt. Die Leitung, einmal hergestellt, bleibt, von Reparaturfällen und sonstigen außergewöhnlichen Anlässen abgesehen, dauernd eingeschaltet. Durch Zu- oder Abschalten von Maschinen in der Zentrale wird u. a. erreicht, daß alle Maschinen unter einem möglichst günstigen Wirkungsgrade arbeiten, d. h. die Betriebsführung kann den Wirkungsgrad der Zentrale weitgehend beeinflussen, dagegen kann sie den Wirkungsgrad der Leitung im Betriebe kaum verändern. Es folgt daraus, daß bei der Projektierung eines Elektrizitätswerkes der Wirkungsgrad der Leitungen eine wichtigere Rolle spielt als der anderer Teile der Anlage, z. B. der Maschinen.

Außer ihrem Wirkungsgrad ist für die Projektierung einer Leitungsanlage noch ihr Anlagekapital von Wichtigkeit. Beide, Wirkungsgrad und Anlagekapital, werden hauptsächlich be-

einflußt durch den Querschnitt der Leitung und die Spannung,
mit der sie arbeitet. Zweck der folgenden Untersuchung ist,
einen einfachen Weg zur Bestimmung dieser beiden Größen
zu zeigen.

Für eine Leitungsanlage im allgemeinen noch wesentlich
ist ihre Regulierung, d. i. die Beeinflussung der Spannung am
Ende der Leitung. Zur Regulierung von Hochspannungslinien
verwendet man vielfach besondere Apparate (Reguliertrans-
formatoren, Potentialregulatoren usw.), auf die man bei Niederspannungsleitungen verzichtet, weil sie sich hier nicht bezahlt
machen. Da jedoch die Kosten und der Wirkungsgrad der
Regulierapparate für die Wirtschaftlichkeit von Hochspannungsleitungen meistens nur wenig in Betracht kommen, so können
wir sie für unsere Erörterungen vernachlässigen.

Wenn die folgende Untersuchung sich nur auf Hochspannungsleitungen erstreckt und nur auf solche, die ober-
irdisch verlegt werden, so waren hierfür Gründe maßgebend,
die in der Entwicklung des elektrischen Zentralen-Wesens
liegen. Nämlich in dem Maße, wie die Konzentrierung der
Energieerzeugung in wenigen Werken und die Versorgung der
wachsenden Konsumgebiete durch immer weiter greifende Fernleitungen fortschreitet, spielen die Hochspannungs-Leitungs-
anlagen in dem Gesamtorganismus der Elektrizitätswerke eine
mehr und mehr bedeutende Rolle, sowohl was das Verhältnis
ihres Wirkungsgrades zum Gesamtwirkungsgrade des Werkes
anbetrifft als auch hinsichtlich des Verhältnisses ihres Anlagekapitales zu dem Gesamtanlagekapital[1]). Die wachsenden
Längen der Fernleitungen erfordern die Verwendung immer
höherer Spannungen. Hier nun findet die Kabeltechnik,
wenigstens was die Herstellung von Dreifachkabeln anbetrifft,
ihre Grenze bei einer Spannung von etwa 30—40000 Volt[2]).

----

[1]) Vgl. W. Majerczik, Die Entwicklung der Elektrizitätswerke in
Deutschland, „Prometheus", Jahrg. 1908, XIX, 39, S. 616 ff. Jahrg. 1909,
XXI, 13, S. 196 ff.

[2]) R. Apt, Hochspannungskabel und Hochspannungs-Kraftüber-
tragungen, Elektrotechn. Zeitschr. 1908, S. 159 ff., und

P. Junkersfeld und E. D. Schweitzer, High-potential under-
ground transmission, Proceed. of the Amer. Instit. of Electr. Engin. 1908,
S. 1463 ff.

Diese verhältnismäßig niedrige Spannungsgrenze der Kabel, ihr niedriger Wirkungsgrad, der durch ihre großen Ladeströme ungünstig beeinflußt wird, sowie ihre hohen Herstellungs- und Verlegungskosten lassen es vorläufig für ausgeschlossen erscheinen, daß Kabel für die Übertragung größerer Energien auf weite Entfernungen Verwendung finden werden. Bei Freileitungen dagegen kann man wesentlich höhere Spannungen verwenden. Man ist zurzeit bis auf 110000 Volt gekommen, welche Spannung für eine gegenwärtig im Bau begriffene Anlage bestimmt ist, die von den Niagara-Fällen aus die Provinz Ontario mit Energie versorgen soll.

Bevor wir an unsere eigentliche Aufgabe herantreten, Querschnitt und Spannung einer Fernleitung für einen bestimmten Übertragungsfall zu ermitteln, sei dieses Problem noch etwas näher charakterisiert. Für die Lösung der Aufgabe müssen drei Bedingungen erfüllt sein. Erstens muß das Verhalten der Leitungen bekannt sein, d. h. man muß den Wirkungsgrad einer Leitung berechnen können. Zugleich wird man auch wissen wollen, welchen Anforderungen die Generatoren am Anfang der Leitung zu genügen haben, wenn am Ende der Leitung ein bestimmter Belastungswiderstand gegeben ist, mit andern Worten, man muß die Veränderung von Spannung, Stromstärke und Phasenverschiebung zwischen dem Ende und dem Anfang der Leitung ermitteln können. Zweitens muß Klarheit darüber herrschen, welche Belastung der Leitungsberechnung zugrunde zu legen ist; denn die Leitung führt keine konstante Energie, sondern eine fortwährend an jedem Tage und in jedem Jahre sich ändernde. Schließlich muß der Zusammenhang erörtert werden, der zwischen dem bisher angedeuteten technischen Verhalten der Leitung und ihren ökonomischen Eigenschaften besteht, was in der Hauptsache darauf hinausläuft, den Wirkungsgrad und die Kosten der Leitungsanlage im weiteren Sinne, d. h. der eigentlichen Leitung sowie der dazugehörigen Transformatorenanlage (Transformatoren, Schaltapparate usw.) als Funktionen der Spannung und des Querschnittes auszudrücken. Hieraus wären dann die wirtschaftlichsten Werte von Spannung und Querschnitt der Leitungsanlage zu ermitteln.

Es ergibt sich damit folgende Anordnung des zu behandelnden Stoffes:

I. Das Verhalten der Leitungen.

II. Ermittlung der Leistung, die der Berechnung der Leitungsanlage zugrunde zu legen ist.

III. Berechnung der wirtschaftlichsten Werte von Spannung und Querschnitt einer Leitungsanlage.

I. Das Verhalten der Leitungen.

Das Verhalten der Leitungen ist in den letzten Jahren von einer ganzen Reihe von Autoren studiert worden. Je nach den Zielen, die diese Untersuchungen anstrebten, sind verschiedenartige Rechnungsmethoden entwickelt worden, die man in zwei Hauptklassen scheiden kann, in exakte und in Näherungsmethoden der Berechnung.

A. Exakte Methoden der Berechnung.

Die exakte Berechnung einer Hochspannungsleitung, d. h. einer mit gleichmäßig verteiltem Ohmschen Widerstand, Ableitung, Selbstinduktion und Kapazität behafteten Leitung, geht von einer sehr umständlich zu lösenden Differentialgleichung zweiter Ordnung aus. In Deutschland hat Roeßler in seinem bekannten Buche die Schwierigkeiten dieser Rechnung durch Anwendung der symbolischen Methode zu umgehen gesucht[1]). In Amerika hat letzthin Thomas Gleichungen entwickelt, die eine verhältnismäßig einfache Lösung des Problems darstellen[2]). Thomas hat allerdings die Ableitung nicht berücksichtigt.

Um das Verhalten langer Fernleitungen an einem Beispiele zu zeigen, ist eine Drehstromleitung von 800 km Länge, 3×120 mm² und 100000 Volt Betriebsspannung für verschiedene Belastungen, Leistungsfaktoren der Belastung und Periodenzahlen der Wechselströme auf Grund der Roeßlerschen Methode untersucht worden. Die Resultate der Untersuchung sind in Tabelle I zusammengestellt. Die Daten der Leitung sind:

---

[1]) G. Roeßler, Die Fernleitung von Wechselströmen, Berlin 1905.

[2]) Percy H. Thomas, Calculation of the High-tension line, Proc. of the Amer. Instit. of Electr. Engin. 1909, S. 509 ff.

Drahtmittenabstand 3,5 m. Die Mittelpunkte der Leiterquerschnitte bilden die Eckpunkte eines gleichschenkligen Dreiecks. Jeder Leiter ist aus 19 Drähten verseilt angenommen, der Gesamtdurchmesser eines Leiters beträgt 14,5 mm. Über die Größe des Ohmschen Widerstandes und die Ermittlung der Selbstinduktion und der Kapazität siehe Anhang I, über die Größe der Ableitung siehe Anhang II.

Auf Grund dieser Daten ergeben sich die charakteristischen Größen der Längeneinheit (km) der Leitung[1]:

Zahl der Per./Sek.	a	b
25	$0{,}192 \cdot 10^{-3}$	$0{,}562 \cdot 10^{-3}$
15	$0{,}178 \cdot 10^{-3}$	$0{,}357 \cdot 10^{-3}$

Die charakteristischen Daten der Gesamtleitung, der Leerlaufswiderstand W^0 und der Kurzschlußwiderstand W^k, sind[2]:

Zahl der Per./Sek.	W^0	W^k
25	$835 \, e^{-i\,85^0\,21'}$	$211{,}5 \, e^{i\,51^0\,31'}$
15	$1460 \, e^{-i\,86^0\,9'}$	$152 \, e^{i\,38^0\,51'}$

Die Werte der Tab. I sind für die verschiedenen Belastungen auf graphischem Wege gewonnen[3], welche Methode für solche Tabellenarbeiten bequemer ist als die rechnerische. Als Leistungsfaktoren der Belastung ist $\cos \varphi_e = 1$ und $\cos \varphi_e = 0{,}8$ angenommen.

In der Tabelle bedeuten A, J und Ep die Leistungen, die Stromstärken und die verketteten Spannungen, die Indices a und e kennzeichnen die Werte am Anfang und am Ende der Leitung. $\eta = A_e : A_a$ ist der Wirkungsgrad der Leitung.

Die Tabelle zeigt die bekannten Eigenschaften langer Hochspannungsleitungen, daß bei Leerlauf (Zeile Nr. 1 der Tabelle) und schwachen Belastungen die Spannung vom Anfang nach dem Ende der Leitung hin steigt (Ferrantisches Phänomen), so daß bei starken Belastungen die Stromstärke vielfach vom Ende nach dem Anfang hin abnimmt.

---

[1]) Roeßler, S. 53
[2]) Roeßler, S. 173.
[3]) Roeßler, S. 191 und 195.

Tabelle I.

Drehstromleitung von 800 km Länge, 3×120 mm² Querschnitt, 100000 Volt Betriebsspannung.

Nr.	A_e KW	J_e Amp.	Ep_e Volt	J_a Amp.	Ep_a Volt	$\cos \varphi_a$ [1]	A_a KW	η
			I. $\nu = 25$ Per./Sek. $\cos \varphi_e = 1$.					
1	0	0	100 000	63,5	91 900	— 0,08	808	0
2	5 000	28,85	100 000	70,9	98 800	— 0,51	6 180	0,81
3	10 000	57,7	100 000	86,5	105 200	— 0,775	12 250	0,83
4	15 000	86,55	100 000	105,9	112 500	— 0,905	18 700	0,80
5	20 000	115,4	100 000	128,9	120 500	— 0,96	25 800	0,77
6	25 000	144,25	100 000	152,9	128 000	— 0,99	˙33 550	0,75
7	30 000	173,1	100 000	176,7	136 500	1,00	41 800	0,72
			II. $\nu = 25$ Per./Sek. $\cos \varphi_e = 0,8$.					
1	0	0	100 000	63,5	91 900	— 0,08	808	0
2	5 000	36,1	100 000	53,8	104 000	— 0,61	5 900	0,84
3	10 000	72,2	100 000	62,6	116 000	— 0,94	11 800	0,85
4	15 000	108,2	100 000	84,6	127 500	1,00	18 700	0,80
5	20 000	144,3	100 000	112,2	139 800	0,97	26 300	0,76
6	25 000	180,3	100 000	142,6	151 900	0,93	34 900	0,72
7	30 000	216,4	100 000	174,0	163 800	0,90	44 300	0,68
			III. $\nu = 15$ Per./Sek. $\cos \varphi_e = 1$.					
1	0	0	100 000	38,3	97 000	— 0,067	431	0
2	5 000	28,85	100 000	49,0	101 300	— 0,66	5 680	0,88
3	10 000	57,7	100 000	69,9	104 900	— 0,89	11 450	0,87
4	15 000	86,55	100 000	94,6	111 400	— 0,965	17 600	0,85
5	20 000	115,4	100 000	120,9	117 000	— 0,99	24 250	0,83
6	25 000	144,25	100 000	147,4	123 000	˙1,00	31 400	0,80
7	30 000	173,1	100 100	174,7	128 800	1,00	38 900	0,77
			IV. $\nu = 15$ Per./Sek. $\cos \varphi_e = 0,8$.					
1	0	0	100 000	38,3	97 000	— 0,067	431	0
2	5 000	36,1	100 000	34,9	105 700	— 0,88	5 610	0,89
3	10 000	72,2	100 000	58,7	114 400	0,995	11 550	0,87
4	15 000	108,2	100 000	89,7	123 600	0,945	18 120	0,83
5	20 000	144,3	100 000	122,9	132 300	0,90	25 400	0,79
6	25 000	180,3	100 000	156,8	141 800	0,87	33 500	0,75
7	30 000	216,4	100 000	191,0	151 000	0,84	42 000	0,71

[1] „—" soll andeuten, daß Stromstärke nacheilt.

Für die spätere Betrachtung der Leitungen nach wirtschaftlichen Gesichtspunkten sind in der Tabelle hauptsächlich die Wirkungsgrade von Interesse, und zwar sowohl ihrer Größe nach als auch hinsichtlich der Form der Wirkungsgradkurven. Dabei ist zu berücksichtigen, daß die in Tab. I untersuchte Leitung wirtschaftlich ein Extrem ist. Man würde in einem praktischen Falle nicht so hohe Energieverluste zulassen, wie sie Tab. I zeigt, man würde die Leitung mit einer höheren Spannung und geringerer Belastung betreiben. Bei einer Verminderung der Energieverluste würde aber auch eine Verringerung des Spannungsabfalles eintreten, so daß die Regulierung nicht einen so großen Spannungsbereich zu umfassen brauchte, wie er nach Tab. I erforderlich ist.

Trotzdem die Wirkungsgradverhältnisse der Tab. I extreme sind, lehren sie doch, daß die Größe der Wirkungsgrade in erster Annäherung unabhängig ist sowohl von der Periodenzahl als auch von dem Leistungsfaktor der Belastung. Bei kürzeren Leitungen, bei denen der ungünstige Einfluß der Kapazität auf den Wirkungsgrad geringer ist, werden die Abweichungen in den Wirkungsgraden der verschiedenen Belastungen und Periodenzahlen noch kleiner, als sie die vier Betriebsarten der Tab. I zeigen. Man kann für wirtschaftliche Berechnungen von Leitungen die Periodenzahl und den Leistungsfaktor der Belastung in erster Näherung vernachlässigen.

Die Form der Wirkungsgradkurven zeigt Fig. 1, in der der Betriebsfall II der Tab. I, d. h. der Betrieb mit $\nu = 25$, cos $\varphi_e = 0{,}8$, dargestellt ist.

Man kann sich die Kurve in einen aufsteigenden Ast O A und einen absteigenden Ast A B zerlegt denken. Für unsere wirtschaftlichen Untersuchungen genügt es nun, die beiden Teile als geradlinig anzunehmen, wobei der Teil O A überhaupt außer Betracht bleiben kann, da er die schwächeren Belastungen betrifft, die auf die Wirtschaftlichkeit des Betriebes wenig Einfluß haben bzw. im Betriebe ganz vermieden werden. Man muß beim Anblick der Fig. 1 wieder daran denken, daß hier ein extremer Fall dargestellt ist. Wäre die Kapazität der Leitung geringer, so würde der Punkt A mehr links und höher liegen; eine Gleichstromleitung, bei der die Kapazität keine

Rolle spielt, hat bei Leerlauf und unendlich kleinen Belastungen den Wirkungsgrad $\eta = 1$, d. h. Punkt A liegt auf der
Ordinatenachse. Die Ersetzung des Zweiges A B durch eine
gerade Linie (in Fig. 1 punktiert) bewirkt zwar eine kleine
Ungenauigkeit; jedoch ist diese selbst im Falle der Fig. 1 sehr
gering und wird um so geringer, je weniger der Maximalwert
des Wirkungsgrades bei A von dem Minimalwert bei B abweicht. Wie wir später sehen werden, ist für praktische

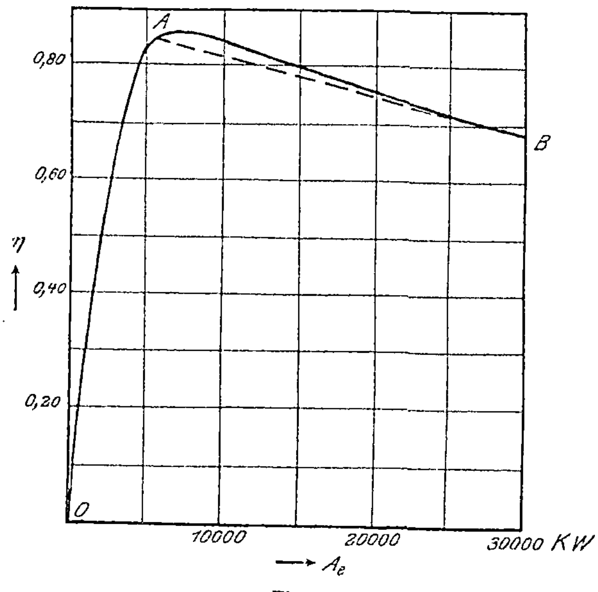

Fig. 1.

Rechnungen meistens nicht einmal die ganze Linie A B
erforderlich, sondern nur einer ihrer Punkte, nämlich der
Wirkungsgrad der mittleren Belastung der Energieübertragung.

Wenn wir im folgenden einzelne Faktoren, wie Periodenzahl der Wechselströme, Leistungsfaktor der Belastung und
genaue Form der Wirkungsgradkurve vernachlässigen, so ist
hierfür natürlich in erster Reihe der Wunsch maßgebend, einfache Grundlagen für die mathematische Behandlung zu
schaffen; aber dieser Wunsch läßt sich aus der Natur der

wirtschaftlichen Untersuchung rechtfertigen. Die praktische Ausführung einer Anlage benutzt Materialien, die fabrikationsmäßig hergestellt werden. Jede Fabrikation nun strebt nach Normalisierung, die elektrotechnische Fabrikation hat eine Reihe von Spannungen, Leiterquerschnitten, Periodenzahlen usw. normalisiert bzw. ist auf dem Wege, es zu tun. Die praktische Ausführung wählt unter diesen Normalfabrikaten; dabei sind Abweichungen von 10 oder 20% zwischen den normalisierten und den rechnerisch ermittelten Zahlen nichts Ungewöhnliches. Wenn aber solche Unterschiede möglich und üblich sind, so muß es als zwecklos bezeichnet werden, einen Spannungs- oder Querschnittswert bis auf etwa $\frac{1}{2}\%$ genau ermitteln zu wollen. Vielmehr ergibt sich das Verlangen, die ziemlich umständlichen exakten Methoden der Leitungsberechnung durch immer noch genügend genaue Näherungsmethoden zu ersetzen.

Es sei bemerkt, daß die sogenannten „exakten" Rechnungsmethoden ihr Beiwort auch nur in begrenztem Sinne führen; denn Einflüsse wie z. B. der Skineffekt, die Veränderung der Kapazität durch lokale Umstände (Terrainverhältnisse, Vorhandensein anderer Leitungen), die Deformation der als sinusförmig angenommenen Wechselstromkurven durch die Kapazität der Leitungen[1]) sind dabei nicht berücksichtigt. Besonders über die Größe des Skineffektes scheinen weitere Messungen erforderlich[2]).

B. Näherungsmethoden der Berechnung.

Die Näherungsmethoden der Leitungsberechnung unterscheiden sich von den exakten meistens darin, daß letztere die Kapazität der Leitung als gleichmäßig über die ganze Länge verteilt annehmen, während erstere sie sich auf einen oder mehrere Punkte konzentriert denken. Da die Kapazität von Fernleitungen nur gering ist, so ist der dadurch bewirkte Fehler klein und macht sich erst bei größeren Längen (von ca. 500 km an) bemerkbar.

---

[1]) Herzog und Feldmann, Berechnung elektrischer Leitungsnetze, Bd. II, S. 357, 1903.

[2]) Vgl. E. Stirnimann, Untersuchungen über den Spannungsverlust in Kabeln, ETZ. 1907, S. 581 ff.

Der Verfasser hat bei früherer Gelegenheit eine Methode der Behandlung von Leitungsproblemen dargestellt, die den sonst üblichen graphischen Weg durch ein einfaches Rechnungsverfahren ersetzt. Das Verfahren ist zuerst von Harold Pender veröffentlicht worden[1]). In Anhang I ist die frühere Darstellung des Verfassers wiederholt und ergänzt. Anhang I behandelt folgende Fälle von Leitungen:

1. Hochspannungsleitung, nur mit Ohmschem Widerstand und Selbstinduktion behaftet.

2. Hochspannungsleitung, mit Ohmschem Widerstand, Selbstinduktion und Kapazität behaftet.

3. Hochspannungsleitung wie unter 2, jedoch außerdem noch mit Ableitung behaftet.

Die Fälle unter 1 und 2 sind schon von Pender erörtert worden, die Untersuchung des Falles 3 hat der Verfasser hinzugefügt.

Um einen Vergleich zwischen der exakten und der Näherungsmethode zu geben, ist die in Tab. I untersuchte Leitung von 800 km Länge nach der Penderschen Methode

Tabelle II.

Vergleich der exakten mit der Näherungsmethode der Berechnung einer Drehstromleitung von 800 km Länge, 3 × 120 mm² Querschnitt.
100000 Volt Betriebsspannung, $\nu = 25$ Per./Sek.

Bezeichnung	Maßeinheit	Exakte	Näherungs-Methode
A_e	KW	30 000	30 000
$\cos \varphi_e$		0,8	0,8
J_e	Amp	216,4	216,4
E_{pe}	Volt	100 000	100 000
J_a	Amp	174,0	169,0
E_{pa}	Volt	163 800	167 900
$\cos \varphi_a$		0,90	0,904
A_a	KW	44 300	44 300
η		0,68	0,68

[1]) Harold Pender, A minimum work method for the solution of alternating-current problems, Proc. AJEE. 1908, S. 763 ff.

(Fall 3) berechnet worden. Als Belastung sind 30000 KW nach Betriebsart II ($\nu = 25$, cos $\varphi_e = 0{,}8$) der Rechnung zugrunde gelegt. Die Kapazität und die Ableitung sind in 3 Punkte, Anfang, Mitte und Ende der Leitung, zu je $\frac{1}{3}$ ihres Wertes konzentriert angenommen worden. Bei Verteilung auf nur zwei Punkte, Anfang und Ende der Leitung, ergeben sich erhebliche Abweichungen von den exakten Werten.

Der Reaktanzfaktor der Leitung ist $t_1 = 1{,}39$ bei $\nu = 25$.

Der Vergleich der exakten mit den Näherungswerten zeigt, daß nennenswerte Abweichungen voneinander nur bei der Stromstärke und der Spannung am Anfang der Leitung vorkommen. Die Abweichungen betragen in Prozenten der exakten Werte bei $J_a - 2{,}9\%$, bei $E_{pa} + 2{,}5\%$. Bei dem Wirkungsgrade ist überhaupt kein Unterschied zwischen der exakten und der Näherungsberechnung vorhanden.

II. Ermittlung der Leistung, die der Berechnung der Leitungsanlage zugrunde zu legen ist.

A. Allgemeine Form der Belastungskurve.

Wie schon in der Einleitung bemerkt, ist die Energie, die eine Hochspannungsleitung zu führen hat, nicht konstant, sondern von einer sich fortwährend ändernden Größe. Fig. 2 zeigt eine sogenannte Tagesbelastungskurve. Es sei das die Kurve der Leistungen, die die Leitung im Verlaufe eines Tages an ihrem Ende abzugeben hat. Abnahmestellen zwischen Anfang und Ende der Leitung seien nicht vorhanden. Es entsteht nun die Frage, welche Energie am Anfang der Leitung im Verlaufe dieses Tages zu erzeugen ist, oder mit andern Worten, die Frage nach dem Tageswirkungsgrade der Leitung.

An der Kurve Fig. 2 sind zwei Leistungen beachtenswert:

P_{max}, d. i. die maximale Energie, die die Leitung abzugeben hat, und die sie zu führen imstande sein muß, sowie

P_m, d. i. der Mittelwert der Belastung. Dieser Wert ergibt sich, wenn man den Inhalt der von der Kurve und den Linien $A\,0$, $0\,B$ und $B\,C$ eingeschlossenen Fläche durch die Länge $0\,B$, die die Zeit T darstellt, dividiert. Wie wir zeigen werden, ist P_m

diejenige Belastung, die der Berechnung der am Anfang der Leitung zu liefernden Energie zugrunde zu legen ist.

Der Quotient beider Werte $P_m : P_{max} = f$ werde in Anlehnung an die Theorie der Wechselströme **Scheitelfaktor** der Belastungskurve genannt. Man kann ihn auch als **Belastungsfaktor** oder **Nutzungskoeffizienten** der Hochspannungsleitung bezeichnen, da er zugleich das Verhältnis $(P_m \cdot T) : (P_{max} \cdot T)$ darstellt, das Verhältnis derjenigen Energie,

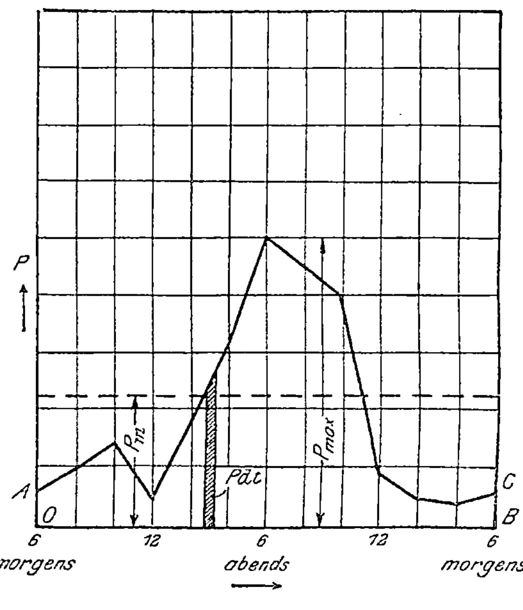

Fig. 2.

die die Leitung tatsächlich abgibt, zu derjenigen, die sie abgeben könnte, wenn sie dauernd mit ihrer maximalen Leistung beansprucht würde.

Die Kurve der Fig. 2 kann auch als **Jahresbelastungskurve** aufgefaßt werden. Wenn alle Tagesbelastungskurven des Jahres einander gleich wären, würde Fig. 2 bei einer Veränderung des Ordinatenmaßstabes ohne weiteres die Jahreskurve darstellen. In Wirklichkeit werden die einzelnen Tageskurven zwar voneinander abweichen, trotzdem wird die Jahreskurve einen ähnlichen Charakter zeigen wie die Tageskurven.

Entsprechend den Änderungen der Belastung ändert sich auch der Wirkungsgrad der Leitung. Besitzt die zu einem bestimmten Zeitpunkt herrschende Belastung die Größe P, hat der Wirkungsgrad der Leitung bei dieser Belastung den Wert η, so müssen die Generatoren in diesem Augenblicke die Leistung P : η erzeugen. Während der Zeit T beträgt demnach die am Leitungsanfang zu liefernde Energie:

$$A_a = \int_0^T \frac{P\,dt}{\eta} \qquad\qquad 1)$$

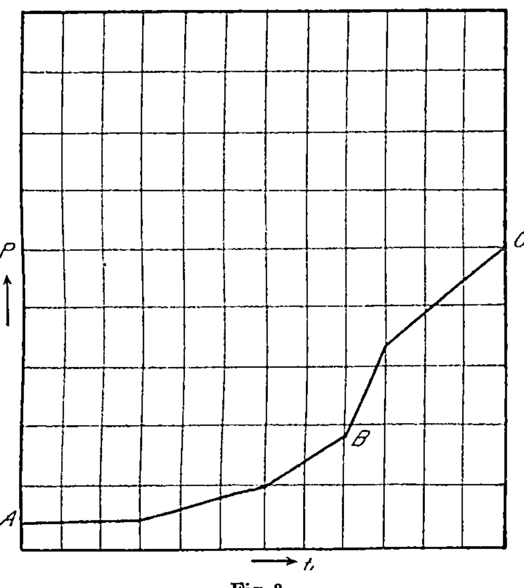

Fig. 3.

Mit der Ermittlung von A_a, d. h. der Integration einer Belastungskurve, hat sich eine Anzahl Autoren beschäftigt; indessen haben alle, soweit der Verfasser übersehen kann, nur eine mehr oder weniger primitive Addition der einzelnen sich aus der Belastungskurve ergebenden Werte vorgeschlagen[1]).

---

[1]) Vgl. C. Hochenegg, Anordnung und Bemessung elektrischer Leitungen, 1897, S. 116 ff. Herzog und Feldmann: Berechnung elektrischer Leitungsnetze, 1903, Bd. II, S. 163 ff. F. W. Meyer: Berechnung elektrischer Anlagen auf wirtschaftlichen Grundlagen, 1908, S. 188 ff.

Um eine wirkliche Integration vornehmen zu können, ist es notwendig, die Belastungskurve durch eine mathematische Funktion auszudrücken. Zu diesem Zwecke schlägt der Verfasser vor, die einzelnen Punkte der Kurve nicht nach ihrer zeitlichen Aufeinanderfolge, sondern nach der Größe ihrer zugehörigen Ordinaten zu ordnen. Damit geht die Kurve der Fig. 2 in den Linienweg A B C der Fig. 3 über. Um mathematisch einfache Verhältnisse zu schaffen, kann man, wie schon oben bei der Form der Wirkungsgradkurve geschehen[1]), die Linien A B und B C als Gerade betrachten. Die Berechtigung dazu ist hier eine noch größere als bei der Wirkungsgradkurve; denn einmal läßt sich die Form von Belastungskurven, da hierfür nur verhältnismäßig rohe Schätzungen zur Verfügung stehen, nicht genau im voraus bestimmen, dann aber zeigt auch die weitere Untersuchung, daß die Gestalt der Belastungskurve nur insofern von Bedeutung ist, als sie den Wert der mittleren Belastung P_m beeinflußt.

Der mathematisch leichteste Fall ist vorhanden, wenn die Belastungskurve die Form einer einfachen geraden Linie hat; komplizierter wird die Sachlage, wenn an Stelle der geraden eine gebrochene Linie, wie in Fig. 3 tritt. Wir wollen im folgenden die beiden Fälle nacheinander behandeln.

B. Belastungskurve in Form einer einfachen geraden Linie.

In Fig. 4 ist der Fall dargestellt, daß die Belastungskurve die Form einer einfachen geraden Linie besitzt. Während der Zeit $0\,A = T$ steigt die Belastung am Ende der Leitung von einem kleinsten Wert P_{min} auf einen größten Wert P_{max}, während derselben Zeit sinkt der Wirkungsgrad der Leitung von einem größten Wert η_{max} auf einen kleinsten Wert η_{min}. Die Gestalt der Wirkungsgradkurve ist den obigen Ausführungen gemäß ebenfalls als geradlinig angenommen.

Die Belastungskurve der Fig. 4 ist ein wirtschaftliches Extrem, indem der Scheitelfaktor oder Nutzungskoeffizient der

$$\text{Kurve } f = \frac{P_m}{P_{max}} = \frac{(P_{min} + P_{max})}{2\,P_{max}} \text{ mindestens den Wert } 0{,}5$$

---

[1]) Vgl. S. 11.

hat (wenn $P_{min} = 0$). Bei den meisten praktischen Anlagen erreicht der Nutzungskoeffizient nicht diesen Wert, er hat im allgemeinen eine Größe zwischen 0,10 und 0,30[1]).

Greift man aus der Belastungskurve einen beliebigen Zeitpunkt t heraus, so erhalten die dazugehörigen Größen P und η die Werte

$$P = \frac{t}{T}\,(P_{max} - P_{min}) + P_{min}$$

$$\eta = \eta_{max} - \frac{t}{T}\,(\eta_{max} - \eta_{min}).$$

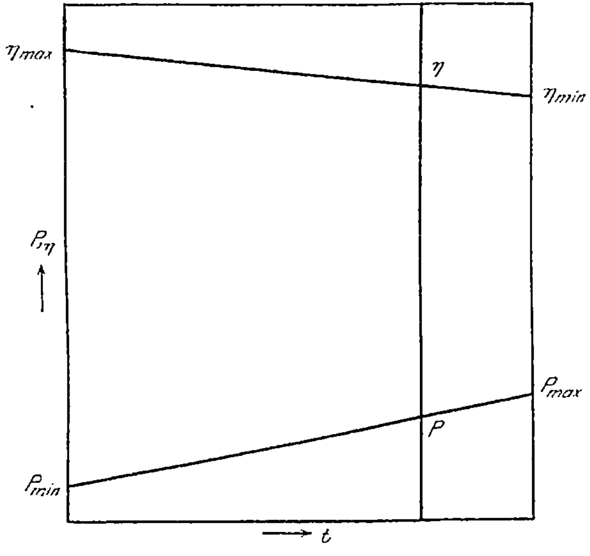

Fig. 4.

Substituiert man

$$P_{max} - P_{min} = P_d$$

$$\eta_{max} - \eta_{min} = \eta_d$$

so gewinnen die beiden Größen P und η die Form

$$P = \frac{t}{T}\,P_d + P_{min}$$

$$\eta = \eta_{max} - \frac{t}{T}\,\eta_d.$$

---

[1]) Vgl. E. Schiff: Die Statistik der Vereinigung der Elektrizitätswerke, E.T.Z. 1909, S. 1073. G. Dettmar: Weitere Ergebnisse der Statistik der Elektrizitätswerke in Deutschland nach dem Stande vom 4. 1. 1909, ETZ. 1909, S. 1090.

Diese beiden Werte in die Gleichung 1) eingeführt, ergibt

$$A_a = \int_0^T \frac{\frac{t}{T} P_d + P_{min}\, dt}{\eta_{max} - \frac{t}{T}\, \eta_d}\,.$$

Die Integration führt zu dem Ausdruck

$$A_a = -\frac{T}{\eta_d{}^2}\left[(P_{max}\,\eta_{max} - P_{min}\,\eta_{min})\ln\frac{\eta_{min}}{\eta_{max}} + P_d\,\eta_d\right]. \qquad 2)$$

Das Minuszeichen vor dem Ausdruck stört nicht, da der Ausdruck in der eckigen Klammer ebenfalls negativ wird.

A_a ist die Energiemenge, die während der Zeit T, z. B. während eines Jahres, von den Generatoren am Anfang der Leitung erzeugt worden ist. Während derselben Zeit ist am Ende der Leitung abgegeben worden

$$A_e = P_m \cdot T = \tfrac{1}{2}(P_{min} + P_{max})\,T. \qquad 3)$$

Der Quotient $A_e : A_a = \eta_T$ ist der Zeitwirkungsgrad (z. B. Jahreswirkungsgrad) der Leitung.

Wäre die Leitung während der Zeit T konstant durch P_m belastet gewesen, so hätte durch die Generatoren erzeugt werden müssen

$$A_a' = \frac{P_m}{\eta_m}\,T = \frac{A_e}{\eta_m}\,. \qquad 4)$$

Hierin ist η_m der der Belastung P_m entsprechende Wirkungsgrad der Leitung.

$$\eta_m = \eta_{max} - \eta_d\,\frac{P_m}{P_{max}} = \eta_{max} - f\,\eta_d \qquad 5)$$

Der Quotient $A_a : A_a' = c_m$ werde der Korrekturfaktor des Wirkungsgrades der mittleren Belastung genannt. Es ist nämlich

$$A_a = c_m \cdot A_a' = c_m\,\frac{A_e}{\eta_m} \qquad 6)$$

Hat man A_a' berechnet, so erhält man die richtige am Anfang der Leitung zu erzeugende Energie A_a, wenn man A_a' mit dem Korrekturfaktor c_m multipliziert. Es ist also, unter der Voraussetzung, daß c_m bekannt ist, P_m diejenige Belastung, die der Berechnung von A_a zugrunde zu legen ist.

Um die verschiedenen Werte, die c_m annehmen kann, systematisch zu ermitteln, müssen über die Größen, die in den Gleichungen 2) bis 5) vorkommen, bestimmte Annahmen gemacht werden.

Es sei

$$P_{min} = 0, \text{ oder } = 0,1\,P_{max}, \text{ oder } = 0,2\,P_{max} \text{ usw.}$$

$$\eta_{min} = 0,9\,\eta_{max}, \text{ oder } = 0,8\,\eta_{max} \text{ usw.,}$$

d. h. es werden verschiedene Neigungswinkel gegen die Abszissenachse sowohl für die Belastungs- als auch für die Wirkungsgradslinie angenommen. Da bei den vorstehenden Annahmen die Gleichungen 2) und 4) für A_a und $A_a{}'$ sämtlich

den Faktor $\dfrac{P_{max}\,T}{\eta_{max}}$ ergeben, so sei hierfür der Buchstabe Z

gesetzt.

Zunächst seien die Gleichungen 2) bis 5) für den Fall untersucht, daß $P_{min} = 0$, während η_{min} verschiedene Werte annimmt, d. h. für den Fall, daß die Belastungslinie konstant ist, während die Wirkungsgradslinie verschiedene Neigungswinkel mit der Abszissenachse einschließt. Es ist in diesem Falle

$$P_m = {}^1\!/_2\,(P_{min} + P_{max}) = {}^1\!/_2\,P_{max}$$

$$f = 0,5.$$

Die Resultate der Untersuchung sind in Tabelle III zusammengestellt.

Tabelle III.

Korrekturfaktoren c_m für verschiedene Wirkungsgradskurven bei konstanter aus einer einfachen Geraden bestehender Belastungskurve.

$$P_{min} = 0, \quad Z = \frac{P_{max}\,T}{\eta_{max}}, \quad c_m = A_a : A_a{}'$$

η_{min}	f	η_m	$A_a{}'$	A_a	c_m
0,9 η_{max}	0,5	0,95 η_{max}	0,526 Z	0,54 Z	1,030
0,8 „	0,5	0,90 „	0,555 „	0,58 „	1,045
0,7 „	0,5	0,85 „	0,589 „	0,63 „	1,070
0,6 „	0,5	0,80 „	0,625 „	0,69 „	1,100

Die Tabelle lehrt, daß der Korrekturfaktor um so größer ist, je größer der Neigungswinkel der Wirkungsgradslinie zur

Abszissenachse wird. Der Wert von c_m weicht aber nicht wesentlich von 1 ab. In dem Falle, daß $\eta_m = 0{,}6\ \eta_{max}$, hat c_m erst die Größe 1,1. Dieser Fall aber wird aus wirtschaftlichen Rücksichten, wegen des zu großen Energieverlustes in der Leitung, wohl niemals zur Ausführung kommen; denn $\eta_{min} = 0{,}6\ \eta_{max}$ bedeutet, wenn $\eta_{max} = 1$ ist, einen Energieverlust von 40 % in der Leitung. Selbst $\eta_{min} = 0{,}8\ \eta_{max}$, (20 % Energieverlust bei $\eta_{max} = 1$) ist noch ein wirtschaftlich ziemlich extremer Fall. Auch die der ganzen Tabelle zugrunde liegende Annahme, daß $P_{min} = 0$ ist, stellt die Grenze des Möglichen dar.

Um zu zeigen, wie die Werte von c_m sich ändern, wenn P_{min} verschiedene Größen annimmt, d. h. wenn der Neigungswinkel der Belastungslinie sich ändert, ist Tab. IV ausgearbeitet worden. Für die Tabelle ist als konstante Wirkungsgradslinie der Fall $\eta_{min} = 0{,}7\ \eta_{max}$ angenommen worden.

Tabelle IV.

Korrekturfaktoren c_m für verschiedene aus einer einfachen Geraden bestehende Belastungskurven bei konstanter Wirkungsgradskurve.

$$\eta_{min} = 0{,}7\ \eta_{max}, \qquad Z = \frac{P_{max}\,T}{\eta_{max}}, \qquad c_m = A_a : A_a'.$$

P_{min}	f	η_m	A_a'	A_a	c_m
0	0,50	$0{,}850\ \eta_{max}$	0,589 Z	0,63 Z	1,07
$0{,}1\ P_{max}$	0,55	0,835 „	0,660 „	0,68 „	1,03
0,2 „	0,60	0,820 „	0,731 „	0,74 „	1,01
0,3 „	0,65	0,805 „	0,808 „	0,80 „	0,99

Tabelle IV zeigt hinsichtlich der Veränderung von c_m dieselbe Erscheinung wie Tab. III, der Wert c_m wird um so größer, je größer der Neigungswinkel der Belastungslinie zur Abszissenachse ist bzw. je kleiner der Scheitelfaktor der Belastungskurve wird. Für $P_{min} = 0{,}1\ P_{max}$ hat c_m den Wert 1,03. Man kann also für praktische Berechnungen sagen, daß mit großer Annäherung in den meisten Fällen $c_m = 1$ gesetzt werden kann. Diese Bemerkung ergibt sich aus den Resultaten der beiden Tabellen III und IV.

C. Belastungskurve in Form einer gebrochenen Linie.

Die gerade Linie als Form der Belastungskurve ist in praktischer Hinsicht, wie wir gesehen haben, ein Grenzfall, weil ihr Scheitelfaktor bzw. Nutzungskoeffizient den Wert 0,5 und mehr hat. Den gewöhnlichen Fällen der Praxis näher liegt die Annahme, daß die Belastungskurve die Gestalt einer gebrochenen Linie wie in Fig. 3 hat. Fig. 5 zeigt für diese

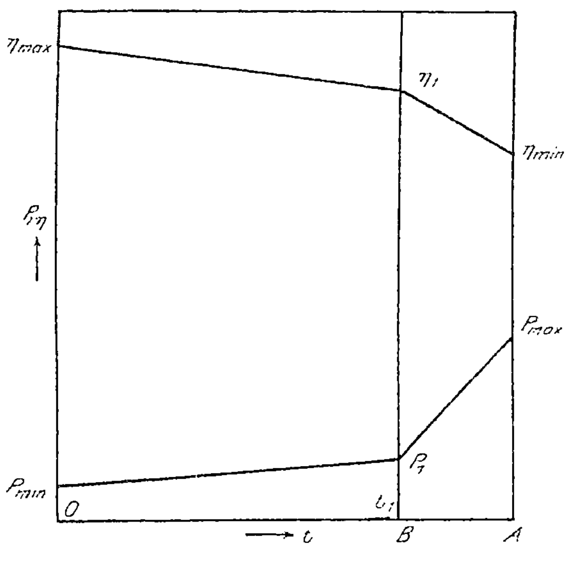

Fig. 5.

Annahme das Zusammenwirken der Belastungs- und der Wirkungsgradsänderung. Während der Zeit $0\,B = t_1$ steigt die Belastung von P_{min} auf P_1 und sinkt der Wirkungsgrad von η_{max} bis η_1, während der Zeit $B\,A = T - t_1$ steigt die Belastung weiter von P_1 auf P_{max}, der Wirkungsgrad sinkt weiter von η_1 bis η_{min}. Man kann die in Fig. 5 dargestellte Betriebsart auf den einfacheren Fall der Fig. 4 zurückführen, wenn man den Betrieb während der Zeiten $0B$ und BA getrennt behandelt. Indem man Gleichung 2) auf jeden der beiden Zeitabschnitte anwendet, erhält man die gesamte während der Zeit T am Anfang der Leitung zu liefernde Energie

$$A_a = -\frac{t_1}{\eta_{d_1}^2}\left[(P_1\,\eta_{max} - P_{min}\,\eta_1)\,\ln\frac{\eta_1}{\eta_{max}} + P_{d_1}\,\eta_{d_1}\right]$$

$$-\frac{T-t_1}{\eta_{d_2}^2}\left[(P_{max}\,\eta_1 - P_1\,\eta_{min})\,\ln\frac{\eta_{min}}{\eta_1} + P_{d_2}\,\eta_{d_2}\right] \qquad 7)$$

Hierin ist

$$P_{d_1} = P_1 - P_{min}$$
$$P_{d_2} = P_{max} - P_1$$
$$\eta_{d_1} = \eta_{max} - \eta_1$$
$$\eta_{d_2} = \eta_1 - \eta_{min}$$
$$\eta_1 = \eta_{max} - \frac{P_1}{P_{max}}(\eta_{max} - \eta_{min}).$$

Die auf Grund der mittleren Belastung und ihres Wirkungsgrades berechnete Energie am Anfang der Leitung ist gemäß Gleichung 4)

$$A_a' = \frac{P_m}{\eta_m}\,T. \qquad 8)$$

Darin ist

$$P_m = \frac{1}{2\,T}\left[P_{min}\,t + P_1\,T + P_{max}\,(T - t_1)\right] \qquad 9)$$

$$\eta_m = \eta_{max} - f\,(\eta_{max} - \eta_{min}). \qquad 10)$$

Um die verschiedenen Werte von c_m ermitteln zu können, müssen über die Größen, die in den Gleichungen 7) bis 10) vorkommen, wiederum bestimmte Annahmen gemacht werden.

Es sei zunächst angenommen, daß (vergl. Fig. 5)

$$P_{min} = 0, \quad P_1 = 0,1\,P_{max}, \quad t_1 = 0,9\,T.$$

Es ist das eine Kurve mit dem kleinen Scheitelfaktor $f = 0,1$. Die Neigung der Wirkungsgradslinie ändere sich wiederum in der Weise, daß η_{min} von einem größten Wert $0,9\,\eta_{max}$ bis auf einen kleinsten Wert $0,6\,\eta_{max}$ fällt. Der Faktor $\dfrac{P_{max}\,T}{\eta_{max}}$ ist ebenfalls wieder durch Z bezeichnet. Die Resultate sind in Tabelle V zusammengestellt.

Tab. V lehrt zunächst ebenso wie Tab. III, daß die Werte von c_m mit wachsendem Neigungswinkel der Wirkungsgradslinie größer werden. Die Vergrößerung von c_m ist aber in Tab. V stärker als in Tab. III, weil erstere eine Belastungskurve von viel kleinerem Scheitelfaktor hat als letztere. Dabei ist zu berücksichtigen, daß der Scheitelfaktor der Tab. V

Tabelle V.

Korrekturfaktoren c_m für verschiedene Wirkungsgradskurven
bei konstanter aus einer gebrochenen Linie bestehenden
Belastungskurve.

$$P_{min} = 0, \quad P_1 = 0,1\,P_{max}, \quad t_1 = 0,9\,T, \quad Z = \frac{P_{max}\,T}{\eta_{max}}, \quad c_m = A_a : A_a'$$

η_{min}	f	η_m	A_a'	A_a	c_m
$0,9\,\eta_{max}$	0,1	$0,99\,\eta_{max}$	0,101 Z	0,100 Z	1,00
0,8 „	„	0,98 „	0,102 „	0,110 „	1,08
0,7 „	„	0,97 „	0,103 „	0,119 „	1,15
0,6 „	„	0,96 „	0,104 „	0,127 „	1,22

ebenso ein Extrem nach unten hin ist, wie der der Tab. III
nach oben hin.

Um zu zeigen, daß die Unterschiede in den Werten von
c_m bei wachsendem Scheitelfaktor geringer werden, ist analog
der Tab. V die folgende Tab. VI ausgearbeitet worden. Die
charakteristischen Werte der dieser Tabelle zugrunde ge-
legten Belastungskurve sind

$$P_{min} = 0, \quad P_1 = 0,2\,P_{max}, \quad t_1 = 0,8\,T.$$

Der Scheitelfaktor dieser Kurve ist f = 0,2.

Tabelle VI.

Korrekturfaktoren c_m für verschiedene Wirkungsgradskurven
bei konstanter aus einer gebrochenen Linie bestehenden
Belastungskurve.

$$P_{min} = 0, \quad P_1 = 0.2\,P_{max}, \quad t_1 = 0,8\,T, \quad Z = \frac{P_{max}\,T}{\eta_{max}}, \quad c_m = A_a : A_a'.$$

η_{min}	f	η_m	A_a'	A_a	c_m
$0,9\,\eta_{max}$	0,2	$0,98\,\eta_{max}$	0,204 Z	0,205 Z	1,00
0,8 „	„	0,96 „	0,208 „	0,217 „	1,04
0,7 „	„	0,94 „	0,213 „	0,236 „	1,11
0,6 „	„	0,92 „	0,218 „	0,254 „	1,17

Ein Vergleich der Tab. V und VI ergibt, was schon bei
der Tab. IV ausgeführt war, daß die Werte von c_m mit
wachsendem Scheitelfaktor geringer werden.

Die beiden Tab. V und VI beruhen auf der Annahme, daß
$P_{min} = 0$. Diese Annahme ist insofern übertrieben, als bei

einem wirklichen Betriebe die kleinste Belastung immer größer als 0 sein wird. Eine Vergrößerung von P_{min} aber bewirkt ein Anwachsen des Scheitelfaktors, wodurch ebenfalls c_m verkleinert wird. Diese Verhältnisse sind aus der folgenden Tab. VII ersichtlich. Für die Tabelle ist die Wirkungsgradskurve mit dem charakteristischen Wert

$$\eta_{min} = 0{,}7\, \eta_{max}$$

als konstant angenommen worden, ebenso hat P_1 die konstante Abszisse

$$t_l = 0{,}9\ T.$$

Die verschiedenen Werte von P_{min} und P_1 sind aus der Tabelle selbst ersichtlich.

Tabelle VII.

Korrekturfaktoren c_m für verschiedene aus einer gebrochenen Linie bestehende Belastungskurven bei konstanter Wirkungsgradskurve.

$$\eta_{min} = 0{,}7\, \eta_{max}, \qquad t_l = 0{,}9\ T, \qquad Z = \frac{P_{max}\,T}{\eta_{max}}, \qquad c_m = A_a : A_a{}'$$

P_{min}	P_1	f	τ_m	A_a'	A_a	c_m
0	$0{,}1\ P_{max}$	0,1	$0{,}970.\eta_{max}$	0,103 Z	0,119 Z	1,1
$0{,}1\ P_{max}$	0,2 „	0,195	0,943 „	0,207 „	0,219 „	1,05
0,2 „	0,3 „	0,29	0,913 „	0,318 „	0,311 „	0,98
0,3 „	0,4 „	0,385	0,885 „	0,436 „	0,409 „	0,94

Überblickt man die Tab. III bis VII in ihrer Gesamtheit, so gelangt man zu folgendem Ergebnis:

Für die gewöhnlichen Fälle praktischer Energieübertragungen, denen Belastungskurven mit Scheitelfaktoren von 0,1 bis 0,3 zugrunde liegen, und deren Hochspannungsleitungen so dimensioniert sind, daß ihr kleinster Wirkungsgrad η_{min} nicht weniger als $0{,}7\,\eta_{max}$ wird, weicht der Wert der Korrekturfaktoren c_m um höchstens 10—15% von 1 ab. In den meisten Fällen wird die Abweichung geringer als 10% sein. Erwägt man, daß die Vorausbestimmung einer Belastungskurve auf mehr oder weniger genauen Schätzungen beruht, so kann man ohne großen Fehler fast immer annehmen, daß $c_m = 1$ ist. Wo diese Annahme nicht zulässig erscheint, muß der Korrekturfaktor entweder aus der Belastungskurve ermittelt werden, oder er kann den Tab. III bis VII entnommen bzw. aus ihnen inter- oder extrapoliert werden. Die Annahme, daß $c_m = 1$ ist, besagt, daß der Berechnung der Energieverluste in der Leitung die aus der Tages- bzw. Jahreskurve sich ergebende mittlere Belastung P_m nebst ihrem zugehörigen Wirkungsgrade η_m zugrunde zu legen ist.

III. Berechnung der wirtschaftlichsten Werte von Spannung und Querschnitt.

Wir kommen nunmehr zur Berechnung der Leitungsanlage selbst, d. h. zur Ermittlung der wirtschaftlich richtigen Werte von Querschnitt und Spannung der Anlage. Wir betrachten wiederum nur den einfachsten Fall, daß die Leitung Energie von einem Punkte nach einem zweiten überführt, ohne daß zwischen beiden Abnahmestellen vorhanden sind.

A. Art der zu berücksichtigenden Kosten.

Bei dieser Untersuchung müssen die an jedem Ende der Leitung zu errichtenden Transformatorenanlagen, d. h. die Transformatoren nebst ihrem Zubehör wie Schaltvorrichtungen, Meßapparate usw. mit einbezogen werden, weil ihre von der Spannung abhängigen Kosten so groß sind, daß sie nicht vernachlässigt werden können. (Wenn an Stelle der Transformatoren am Anfang der Leitung Hochspannungsgeneratoren treten, so sind deren Kosten zu berücksichtigen.) Streng genommen müßte die Untersuchung noch weiter ausgedehnt werden und auch die ganze Primäranlage der Zentrale in ihren Kreis einbeziehen; denn betrachtet man die Leitungsanlage im weiteren Sinne, d. h. die Gruppe „Transformatorenanlage — Hochspannungsleitung — Transformatorenanlage" als Einheit mit einem einheitlichen Wirkungsgrad, so beeinflußt dieser die von der Primäranlage zu liefernde Energie und damit die Bemessung der Primäranlage. In der Tat gibt es eine Reihe wirtschaftlicher Untersuchungen, die das Elektrizitätswerk als Gesamtheit, d. h. Zentrale plus Leitungsanlage, behandeln[1]).

---

[1]) Vgl. F. W. Meyer, Berechnung elektrischer Anlagen auf wirtschaftlichen Grundlagen. 1908.

Indessen muß diese Zusammenfassung vom Standpunkte der praktischen Zweckmäßigkeit aus als zu weit gehend bezeichnet werden; denn die Gesichtspunkte, nach denen die Ausführung der Zentrale geschieht, sind grundverschieden von den für die Leitungsanlage maßgebenden. Bestimmend für die Ausführung der Zentrale sind: die Art der Antriebskraft (Wasser, Dampf usw.), damit zusammenhängend der Typ der Antriebsmaschinen (Dampfturbinen, Gasmotoren usw.), die räumlichen Verhältnisse des Zentralengrundstückes usw. Neben diesen Faktoren spielt die Frage, ob der Wirkungsgrad der Leitungsanlage einige Prozent höher oder niedriger ist, nur eine untergeordnete Rolle. Der Umstand, daß das Wesen der Zentrale stark von dem der Leitungsanlage abweicht, hat vielfach dazu geführt, daß beide Teile im Besitze verschiedener Wirtschaftssubjekte sich befinden, so daß sie nicht einmal durch ein einheitliches geschäftliches Interesse mit einander verbunden sind.

Gesetzt, die Leitungsanlage ist ein für sich bestehendes, von der Zentrale unabhängiges Unternehmen, so hat ein solches Unternehmen, wie alle anderen, äußere und innere Interessen. Die ersteren, die hauptsächlich in dem möglichst billigen Einkauf und dem möglichst teuren Verkauf der Energie bestehen, sollen hier nicht erörtert werden. Die inneren Interessen fordern, daß die Anlage möglichst wirtschaftlich betrieben werde, d. h., um eine Definition von Meyer zu gebrauchen, daß „die Ausgaben für wirkliche und ideelle Leistungen fortlaufend zu einem Minimum gestaltet werden"[1]. Die Ausgaben werden gewöhnlich in direkte und indirekte unterschieden. Die wichtigsten direkten Ausgaben bei einer Leitungsanlage sind die Personalkosten (für Bedienung, Revision usw.) und die Kosten der Energieverluste. Da im folgenden nur solche Ausgaben berücksichtigt zu werden brauchen, die durch Spannung und Querschnitt der Anlage beeinflußt werden, so können die Personalkosten, als hiervon unabhängig, bei der weiteren Betrachtung ausscheiden.

Von den indirekten Kosten seien nur die Kapitalkosten berücksichtigt, d. h. die Aufwendungen für Verzinsung,

---

[1] F. W. Meyer, S. 5.

Amortisation und Erneuerung des Anlagekapitales. Auch die Reparaturkosten, die streng genommen zu den direkten Kosten gehören, seien, in Gestalt eines bestimmten Prozentsatzes des Anlagekapitales den Kapitalkosten beigefügt. Andere indirekte Kosten, wie Steuern, Versicherungen usw., sind in die Betrachtung nicht eingeschlossen. Es bleiben somit für die Untersuchung nur die Kosten der Energieverluste und die Kapitalkosten übrig.

B. Größe der zu berücksichtigenden Kosten.

a) Kosten der Energieverluste.

Die Energieverluste werden verursacht durch die eigentliche Leitung und die an jedem Ende der Leitung aufgestellten Transformatoren. Sie sind bestimmt durch die Wirkungsgrade der Leitung und der Transformatoren. Die von den Transformatoren herrührenden Energieverluste können aus den Betrachtungen aber fortgelassen werden. Einmal sind die an sich sehr hohen Wirkungsgrade der Transformatoren, besonders wenn es sich um große Einheiten handelt, von der Spannung fast unabhängig, d. h. die fabrikmäßig für verschiedene Spannungen hergestellten Transformatoren von gleicher Leistung und gleicher Type zeigen innerhalb eines großen Bereichs der Spannung fast konstante Wirkungsgrade. Sodann gilt von den Transformatorenanlagen, sofern sie mehrere Einheiten enthalten, das Gleiche, was in der Einleitung über die Zentrale gesagt wurde, daß nämlich der Betriebsführer durch Zu- oder Abschalten von Einheiten den Wirkungsgrad ziemlich unabhängig von der jeweiligen Größe der Belastung hochhalten kann. Wir können also für unsere Zwecke annehmen, daß der Wirkungsgrad der Transformatorenanlagen durch ihre Spannung nicht beeinflußt wird.

Die Energieverluste der Leitung sind abhängig von dem Querschnitt der Leitung und dem Quadrat der Spannung. Um die unbekannten Größen der Spannung e und des Querschnittes q zu finden, muß man natürlich von bekannten Größen ausgehen. Als bekannt seien angenommen e_1, q_1 und e_2, q_2. Bei der Wahl der Größen e_1 und e_2 gehe man in der Weise vor, daß man zunächst die unbekannte Spannung e schätzt. e_1 und e_2 werden dann so angenommen, daß die eine

Spannung größer, die andere geringer ist als e. Schätzt man z. B. für einen bestimmten Übertragungsfall die wirtschaftliche Spannung auf 60000 Volt — bei einiger Übung wird man diesen Wert mit ziemlicher Genauigkeit bestimmen können — so kann man $e_1 = 80000$ Volt, $e_2 = 40000$ Volt setzen. Ergibt die Rechnung, um dies vorweg zu bemerken, die gesuchte Spannung zu 70000 Volt, so kann man das Verfahren wiederholen, indem man $e_1 = 80000$ Volt, $e_2 = 60000$ Volt setzt, d. h. die Grenzen des Spannungsbereiches enger faßt und dadurch den wahren Wert von e genauer bestimmt. Indessen wird die zweite Rechnung in den meisten Fällen überflüssig sein.

Die Werte q_1 und q_2 kann man beliebig wählen, entweder indem man für die höhere Spannung einen größeren, für die kleinere Spannung einen geringeren Querschnitt wählt, oder indem man für beide denselben Wert annimmt.

Wir müssen nun den Wirkungsgrad der unbekannten Leitung mit den Größen e und q durch die Wirkungsgrade der bekannten Leitungen mit den Größen e_1, q_1 bzw. e_2, q_2 ausdrücken. Der Wirkungsgrad der unbekannten Leitung sei η_m, diejenigen der bekannten Leitungen seien η_{m_1} und η_{m_2}. Die Wirkungsgrade mögen sich sämtlich auf die im vorigen Abschnitt behandelte mittlere Belastung P_m beziehen. Die Energieverluste sind dann in der unbekannten Leitung proportional $(1 - \eta_m)P_m$, in den bekannten Leitungen proportional $(1 - \eta_{m_1})P_m$ bzw. $(1 - \eta_{m_2})P_m$. Man setze nun

$$\frac{1 - \eta_{m_1}}{1 - \eta_{m_2}} = a\ \frac{e_2{}^2\ q_2}{e_1{}^2\ q_1}. \qquad 11)$$

a ist ein Proportionalitätsfaktor, der auf Grund dieser Gleichung zu berechnen ist.

Auf dieselbe Weise wie in Gleichung 11) werde gesetzt

$$\frac{1 - \eta_{m_1}}{1 - \eta_m} = a\ \frac{e^2\ q}{e_1{}^2\ q_1}. \qquad 12)$$

Die Gleichungen 11) und 12) enthalten beide denselben Proportionalitätsfaktor a. Das ist streng genommen nicht richtig; denn der Faktor wird in beiden Gleichungen verschiedene Werte haben. Die Annahme der Gleichheit erscheint trotzdem zulässig, wenn man bedenkt, daß wir es mit

Konvergenzrechnungen zu tun haben, d. h., daß nötigenfalls die Grenzen des Spannungsbereiches so eng gezogen werden können, daß die Unterschiede in den Größen der Proportionalitätsfaktoren verschwinden.

Aus Gleichung 12) ergibt sich

$$\eta_m = 1 - \frac{(1 - \eta_{m_1})\, e_1{}^2\, q_1}{a\, e^2\, q}.$$

Setzt man hierin

$$\frac{(1 - \eta_{m_1})\, e_1{}^2\, q_1}{a} = v_1 \qquad\qquad 13)$$

so wird schließlich

$$\eta_m = 1 - \frac{v_1}{e^2\, q}. \qquad\qquad 14)$$

Der bei der mittleren Belastung P_m auftretende Energieverlust in der Leitung wird

$$P_v = P_m \left(\frac{1}{\eta_m} - 1\right).$$

Wird P_m während der Zeit T übertragen, und werden die Kosten der verlorenen Kwstd. durch b ausgedrückt, so ergeben sich die Kosten der Energieverluste in der Leitung zu

$$K_e = b\, T\, P_m \left(\frac{1}{\eta_m} - 1\right). \qquad\qquad 15)$$

Die Größe von b kann verschieden angenommen werden, je nachdem Leitungsanlage und Zentrale verschiedenen Wirtschaftssubjekten gehören oder in derselben Hand sich befinden. Im ersteren Falle ist b gegeben in dem Preise, zu dem die Energie von der Zentrale an die Leitungsanlage verkauft wird. Im letzteren Falle brauchten bei der Bemessung von b nur diejenigen Kosten berücksichtigt zu werden, auf die die Höhe der Energieverluste in der Leitung Einfluß hat; das sind: die unmittelbaren Kosten der Energieerzeugung, d. h. die Kosten für Brennstoff sowie Schmier- und Putzmaterialien, eventl. auch die Kapitalkosten für die Maschinen- und Kesselanlage. Nicht berücksichtigt zu werden brauchten: die Kapitalkosten der Baulichkeiten und der Schaltanlage, die Kosten für Verwaltung und Bedienung sowie die übrigen indirekten Kosten (Steuern, Versicherungen usw.); b wird also im ersteren Falle größer sein als in letzterem, d. h. die Energieverluste in der Leitung spielen bei deren Bemessung eine größere Rolle, wenn Leitungsanlage und Zentrale in verschiedenen Händen sich befinden, als wenn sie demselben Besitzer gehören.

b) Kapitalkosten.

Die Kapitalkosten der verschiedenen Bestandteile der Leitungsanlage seien als einfache Prozentsätze p ihrer Anlagekosten ausgedrückt. Die Anlagekosten zerfallen in solche, die unmittelbar, und solche, die mittelbar von der Spannung abhängen.

Mittelbar abhängig sind die Anlagekosten des eigentlichen Leitermateriales (Kupfer oder Aluminium), indem die Menge des Leitermaterials zwar durch die gewählte Spannung bestimmt wird, der Preis des Leitermateriales dagegen mit der Spannung nichts zu tun hat. Eine Drehstromleitung vom Querschnitt q, der einfachen Länge l und dem Preis k pro Querschnitt- und Längeneinheit des Leitermateriales kostet $3\,q\,l\,k$. Erfordern die Kapitalkosten den Prozentsatz p_1 vom Anlagekapital, so betragen sie demnach

$$K_1 = 3\,q\,l\,k\,p_1 . \qquad\qquad 16)$$

Die übrigen Teile der Leitungsanlage, d. h. die Leitungsanlage in engerem Sinne (Masten, Isolatoren mit Stützen bzw. Aufhängungen usw.) und die Transformatorenanlagen, können bezüglich ihrer Kosten als unmittelbar abhängig von der Spannung aufgefaßt werden. Über das Gesetz dieser Abhängigkeit, d. h. über die Gestalt der Kurve, die die Kosten als Funktion der Spannung zeigt, machen alle Autoren verschiedene Annahmen. Oft wird die Kostenfunktion durch eine krumme Linie, ausdrückbar durch eine Exponentialfunktion von der Form $c\,e^n$, dargestellt (c und n sind Konstanten[1]). Indessen führt dieser Weg meistens zu sehr unhandlichen Formeln. Wir werden im folgenden statt der Exponentialfunktionen lineare gebrauchen, in demselben Geiste der Vereinfachung, in dem wir die gerade Linie bei unseren bisherigen Untersuchungen verwandten. Man kann über die Zulässigkeit dieser Annahme streiten, indem man darauf hin-

---

[1] Vgl. F. W. Meyer, S. 14.

weist, daß die einzelnen Teile der Anlage, die Transformatoren, Schaltapparate, Isolatoren usw. meistens nicht nach einer linearen, sondern nach einer Exponentialfunktion teurer werden; indessen ist es einmal hier bei der Verschiedenartigkeit der Fabrikate und dem Schwanken der Materialpreise, Arbeitslöhne usw. schwer möglich, bestimmte Grundlagen zu schaffen, sodann lassen sich bei der schon oben erwähnten Methode der Konvergenzrechnung die Grenzen des Spannungsbereiches so eng fassen, daß der Kostenverlauf zwischen ihnen als linear betrachtet werden kann.

Bezüglich der Kosten der eigentlichen Leitung wird vielfach angenommen, daß sie dem Querschnitt proportional gesetzt werden können[1]). Diese Annahme führt jedoch bei Hochspannungsfreileitungen zu falschen Ergebnissen. Bei einer solchen Leitung machen die Kosten des Leitermaterials nur einen Bruchteil, etwa $\frac{1}{4}$ oder $\frac{1}{3}$, der gesamten Leitungskosten aus. Eine Verdopplung des Leiterquerschnittes z. B. würde die Kosten um vielleicht 30% oder 40% erhöhen, nicht aber verdoppeln.

Für jede Spannung existiert ein Kosten-Minimum, mit dem sich die Hochspannungsleitung ausführen läßt. Die Kosten sind nämlich hauptsächlich abhängig von der Spannweite der Stützpunkte (Masten oder Türme). Aus der Spannweite ergibt sich die Zahl und Ausführung der Stützpunkte, die Zahl der Isolatoren usw. Durch Anwendung der wirtschaftlichsten Spannweite werden die Kosten der Leitung zu einem Minimum gemacht. Auf die Grundsätze, nach denen diese wirtschaftlichste Spannweite zu ermitteln ist, soll jedoch hier nicht weiter eingegangen werden[2]). Auch die Ausführung der Leitungsanlage, im engeren wie im weiteren Sinne, bleibe unerörtert. Die Kosten der einzelnen Teile seien vielmehr als gegeben vorausgesetzt.

Wir kommen nunmehr zu diesen Kosten selbst. Ist die einfache Länge der Leitung l, sind die Kosten oder Längeneinheit $(g_s + n_s\, e)$, worin g_s und n_s Konstanten, und erfordern

---

[1]) Vgl. z. B. F. W. Meyer, S. 13.
[2]) Näheres siehe D. R. Scholes, Transmission Line Towers and economical spans, Proc. AJEE 1907, S. 659 ff.

Majerczik.   3

die Kapitalkosten den Prozentsatz p_s vom Anlagekapital, so ergeben sich die Kapitalkosten zu

$$K_s = 1\,(g_s + n_s\,e)\,p_s\,. \qquad 17)$$

Ebenso ergeben sich die Kapitalkosten der Transformatorenanlagen zu

$$K_t = (g_t + n_t\,e)\,p_t\,. \qquad 18)$$

Hierin sind g_t und n_t Konstante, p_t ist der Prozentsatz, der die Kapitalkosten bestimmt.

Um die Größen der Konstanten g_s und n_s zu ermitteln, muß man von folgenden beiden Gleichungen ausgehen:

$$M_{s_1} = g_s + n_s\,e_1\,. \qquad 19)$$

$$M_{s_2} = g_s + n_s\,e_2\,. \qquad 20)$$

Hier sind e_1 und e_2 gegebene Spannungen, M_{s_1} und M_{s_2} die Kosten der Längeneinheit der Leitung (ohne Leitermaterial) bei diesen Spannungen. Aus den Gleichungen 19) und 20) lassen sich die Konstanten g_s und n_s berechnen.

Ebenso ergeben sich die Größen g_t und n_t aus den Gleichungen:

$$M_{t_1} = g_t + n_t\,e_1\,. \qquad 21)$$

$$M_{t_2} = g_t + n_t\,e_2\,. \qquad 22)$$

Hierin sind wiederum e_1 und e_2 gegebene Spannungen, M_{t_1} und M_{t_2} die Kosten der Transformatorenanlagen bei diesen Spannungen.

C. Berechnung der wirtschaftlichsten Werte von Spannung und Querschnitt.

Nachdem nunmehr in den Gleichungen 15) bis 18) die Kosten der Energieverluste und die Kapitalkosten ermittelt sind, läßt sich die Gleichung der Gesamtkosten aufstellen:

$$K = K_e + K_l + K_s + K_t$$

$$K = b\,T\,P_m \left(\frac{1}{1 - \dfrac{v_1}{e^2\,q}} - 1 \right) + 3\,q\,l\,k\,p_l \qquad 23)$$

$$+\,1\,(g_s + n_s\,e)\,p_s + (g_t + n_t\,e)\,p_t\,.$$

In dieser Gleichung werde substituiert:

$$\left.\begin{aligned} 3\,l\,k\,p_l &= A \\ b\,T\,P_m &= B \\ l\,n_s\,p_s + n_t\,p_t &= C \end{aligned}\right\} \qquad 24)$$

A repräsentiert die auf die Einheit des Querschnittes entfallenden Kapitalkosten des Leitermateriales. A enthält den Faktor k, d. h. den Preis der Gewichtseinheit des Leitermateriales.

B drückt die Kosten der am Ende der Leitung abgegebenen Energie aus, sofern b die Kosten der Energieeinheit bedeutet. b stellt eigentlich nur die Kosten der verlorenen Energieeinheit dar.

C enthält die durch die Spannungseinheit bewirkte Verteuerung der gesamten Anlage.

Mit diesen Substitutionen erhält Gleichung 23) die Form

$$K = A\,q + B\left(\frac{1}{1 - \dfrac{v_1}{e^2 q}} - 1\right) + C\,e + l\,g_s\,p_s + g_t\,p_t \qquad 25)$$

Die wirtschaftlichen Werte von q und e sind dann vorhanden, wenn K ein Minimum ist, welcher Minimalwert bekanntlich dadurch erhalten wird, daß man K nach q und e differenziiert und die Differentialquotienten gleich 0 setzt. Die Differentiationen ergeben

$$\frac{dK}{dq} = A + B\,\frac{(e^2 q - v_1)\,e^2 - e^4 q}{(e^2 q - v_1)^3} = 0$$

$$\frac{dK}{de} = B\,\frac{(e^2 q - v_1)\,2\,e\,q - 2\,e^3\,q^2}{(e^2 q - v_1)^2} + C = 0$$

Durch Umformung wird aus diesen Gleichungen

$$A\,(e^2 q - v_1)^2 - B\,v_1\,e^3 = 0$$

$$C\,(e^2 q - v_1)^2 - 2\,B\,v_1\,eq = 0$$

Durch weitere Vereinfachungen ergibt sich schließlich das Endresultat

$$q = \frac{v_1 + e\sqrt{\dfrac{B}{A}\cdot v_1}}{e^2} \qquad 26)$$

$$e^3 - \frac{2\,e}{C}\sqrt{A\,B\,v_1} - \frac{2\,v_1\,A}{C} = 0 \qquad 27)$$

Die letztere Gleichung wird am besten durch Näherung gelöst.

Gleichung 26) gilt für den Fall, daß die Spannung gegeben. C fehlt demgemäß in der Gleichung. Der Wurzelausdruck enthält B im Nenner und A im Zähler des Bruches, d. h. der Querschnitt wird um so größer, je höher die Kosten der Energie und je geringer die des Leitungsmateriales sind. q wächst ferner mit v_1, dieses aber (siehe Gleichung 13) wächst, sofern der Wirkungsgrad der Leitung kleiner wird, d. h. sobald die Belastung steigt.

Gleichung 27) dient zur Ermittlung der Spannung. C findet sich hier im Nenner der Brüche, oder mit anderen Worten, bei wachsender Verteuerung durch die Spannung werden das zweite und dritte Glied des Ausdruckes, und damit auch das erste Glied, das die Spannung allein enthält, kleiner. A, B und v_1 stehen in den Zählern, d. h. die Kosten des Leitermateriales, die Kosten der Energie und die Größe der Belastung wirken im Sinne einer Erhöhung der Spannung.

Die Anwendung der Gleichungen 26) und 27) sei an einem Beispiele gezeigt. Es handele sich um eine Energieübertragung von 100 km einfacher Länge. Die am Ende der Leitung abzugebende Energie betrage maximal 20000 KW bei $\cos \varphi = 0,8$, d. h. 25000 KVA. Die Übertragung soll durch eine einfache Drehstromleitung geschehen, die Periodenzahl des Drehstroms betrage 25. Die Belastungskurve habe die Form einer gebrochenen Linie (Fig. 3). Ihr Scheitelfaktor sei 0,195 (vgl. Tab. VII), so daß $P_m = 3900$ KW. Der Korrekturfaktor dieser Belastungskurve beträgt selbst in dem extremen Fall der Wirkungsgradslinie, für den Tab. VII berechnet ist, nur 1,05; er sei deshalb für die folgenden Berechnungen vernachlässigt, d. h. = 1 gesetzt.

Zunächst müssen die Werte a aus Gleichung 11) und v_1 aus Gleichung 13) bestimmt werden. Es sei angenommen

Spannung	$e_1 = 100000$ Volt	$e_2 = 60000$ Volt
Querschnitt	$q_1 = 120$ mm²	$q_2 = 70$ mm²
Drahtmittenabstand	$d_1 = 3,5$ m	$d_2 = 2,2$ m.

Für diese Annahmen ergibt sich

$$\eta_{m_1} = 0,991 \qquad \eta_{m_2} = 0,957$$
$$a = 1$$
$$v_1 = 10,8 \cdot 10^{10}$$

Den Werten von A, B und C (Gleichung 24) seien folgende Daten zugrunde gelegt:

$$A = 3\, l\, k\, P_1, \text{ worin}$$
$$l = 100 \text{ km}$$
$$k = 18 \text{ Mk.}$$

welche Zahl entsteht, wenn man annimmt, daß das Leitermaterial (Kupfer) 2 Mk. pro kg kostet, und daß pro mm² Querschnitt und km Länge 9 kg erforderlich sind.

$P_1 = 0,08$, sich zusammensetzend aus 5 % für Verzinsung, je 1 % für Abschreibung, Tilgung und Reparaturkosten.

$$\mathbf{A = 432}$$

$$B = b\, T\, P_m$$

$b = 0,03$ Mk., worin nur die Kosten für Brennstoff- sowie Putz- und Schmiermaterial enthalten seien.

$$T = 8760 \text{ Stdn.} = 1 \text{ Jahr}$$
$$P_m = 3900 \text{ KW}$$

$$\mathbf{B = 10,26 \cdot 10^5}$$

$$C = l \cdot n_s + n_t\, P_t$$

Zur Ermittlung von C mögen für die Grenzspannungen $e_1 = 100\,000$ Volt und $e_2 = 60\,000$ Volt folgende Werte dienen:

$$M_{s_1} = 4000 \text{ Mk. (pro km Leitung)}$$
$$M_{s_2} = 3200 \text{ Mk. } \quad \text{\textquotedbl} \quad \text{\textquotedbl} \quad \text{\textquotedbl}$$
$$M_{t_1} = 1\,000\,000 \text{ Mk.} \;\Big]\; \text{für 2 Transformatorstationen zusammen}$$
$$M_{t_2} = 760\,000 \text{ Mk.} \;\Big]\; \text{von je 20000 KW Maximalleistung.}$$

Auf Grund dieser Daten ergeben die Gleichungen 19) bis 20)

$$n_s = 0,02$$
$$n_t = 6$$

Ferner $p_s = p_t = 0,08$ (wie oben für p_1 angenommen)

$$C = 0,16 + 0,48 = \mathbf{0.64}.$$

Letztere Gleichung zeigt die Anteile der Leitung (0,16) und der Transformatorenanlagen (0,48) an der Gesamtverteuerung (0,64).

Mit den obigen Werten für v_1, A, B und C wird Gleichung 27)

$$e^3 - 0,685 \cdot 10^{10}\, e - 0,0146 \cdot 10^{15} = 0.$$

Daraus ergibt sich

$$e = 84\,000 \text{ Volt}$$

und aus Gleichung 26)

$$q = 62 \text{ mm}^2.$$

D. Wahl der Periodenzahl der Wechselströme.

Bei den vorstehenden Erörterungen ist der Einfluß der Periodenzahl der Wechselströme auf die Wirtschaftlichkeit der Energieübertragungen unberücksichtigt geblieben. Die Frage, welche Periodenzahl zu wählen ist, hat in letzter Zeit in Deutschland wie in Amerika lebhafte Diskussionen hervorgerufen. Insbesondere ist mit Rücksicht auf die Anwendung der Elektrizität beim Vollbahnbetrieb erörtert worden, was vorteilhafter ist, eine Frequenz von 25 oder von 15 Perioden [1]. Indessen ist dieses Problem von anderer Art als das oben behandelte, Spannung und Querschnitt einer Energieübertragung zu bestimmen. Einmal sind viel weniger Periodenzahlen normalisiert als Spannungen oder Querschnitte und können es auch nur sein; denn die Einheitlichkeit der Fabrikation und die Rücksicht auf eine bequeme Verkettung und gegenseitige Unterstützung verschiedener Leitungsnetze erfordert, daß möglichst wenige Periodenzahlen im Gebrauch sind. Sodann kann die Frage nach der wirtschaftlich richtigen Periodenzahl nicht auf Grund der Energieübertragungsanlage allein beantwortet werden, sondern es sind hierbei auch die Generatoren, die Antriebsmaschinen und die Konsumkörper, die Motoren, insbesondere die Bahnmotoren, mit bestimmend. Die Wahl der Periodenzahl eines Werkes ist demnach eine prinzipielle Angelegenheit, die nicht geeignet ist, von Fall zu Fall durch ein einfaches Rechnungsverfahren entschieden zu werden.

Anhang I.

Die Berechnung von Wechselstromleitungen [2].

Die Querschnittsbestimmung von Wechsel- oder Drehstromleitungen unter Berücksichtigung des Ohmschen Widerstandes,

---

[1] A. H. Armstrong, The choice of frequency for single-phase alternating-current railway motors, Proc. AJEE. 1907, S. 1047 ff.

N. W. Storer, 25 versus 15 cycles for heavy railways, Proc. AJEE. 1907, S. 1055 ff. — Diskussion der beiden Aufsätze Proc. AJEE. 1908, S. 48.

Fr. Eichberg, Über verschiedene Arten der Wechselstrom-Kommutator-Motoren und die Frage der günstigsten Periodenzahl für Bahnen, ETZ. 1909, S. 623 ff. — Diskussion ETZ. 1909, S. 663 ff.

[2] Zuerst in der internen AEG.-Zeitung vom Mai 1909 abgedruckt.

der Selbstinduktion und der Kapazität der Leitungen geschieht meist auf graphischem Wege. Indessen ist diese Methode umständlich und liefert je nach dem Maßstabe der Zeichnung mehr oder weniger ungenaue Resultate. Im folgenden soll ein bequemes Rechnungsverfahren beschrieben werden, das Harold Pender in den Proceedings of the American Institute of Electrical Engineers (Juniheft 1908) veröffentlicht hat.

In einem einphasigen Wechselstromkreise wird die Impedanz z des Stromkreises als der Quotient des Effektivwertes der Spannung E durch den Effektivwert des Stromes J definiert, d. h.

$$z = \frac{E}{J}.$$

Der Ohmsche Energieverlust in dem Stromkreise ist

$$W = r\,J^2 ,$$

wenn r den Ohmschen Widerstand des Stromkreises bedeutet.

Ist L der Selbstinduktionskoeffizient des Stromkreises und ν die Frequenz, so wird die Beziehung zwischen dem Ohmschen Widerstand und der Impedanz des Stromkreises

$$z = \sqrt{r^2 + x^2}.$$

Darin bedeutet x die Reaktanz des Stromkreises

$$x = 2\,\pi\,\nu\,L = \omega\,L.$$

Ist der Stromkreis nicht mit Selbstinduktion, sondern mit der Kapazität C behaftet, so bekommt die Reaktanz den Wert

$$x = \frac{1}{2\,\pi\,\nu\,C} = \frac{1}{\omega\,C}.$$

Sind mehrere mit Ohmschen Widerständen, Selbstinduktionen und Kapazitäten behaftete Leiter hintereinander geschaltet, so addieren sich die Ohmschen Widerstände und Reaktanzen dergestalt, daß die resultierende Impedanz wird

$$z = \sqrt{(r_1 + r_2 \ldots .)^2 + (x_1 + x_2 + \ldots .)^2}.$$

Sind die vorerwähnten Leiter parallel geschaltet, so rechnet man einfacher mit den Ausdrücken

$$\text{Admittanz} \quad v = \frac{J}{E} = \frac{1}{z}$$

$$\text{Konduktanz } g = \frac{W}{E^2} = \frac{r}{r^2 + x^2}$$

$$\text{Suszeptanz } b = \sqrt{y^2 - g^2} = \frac{x}{r^2 + x^2}.$$

Aus den Konduktanzen und Suszeptanzen ergibt sich die resultierende Admittanz zu

$$y = \sqrt{(g_1 + g_2 + \ldots)^2 + (b_1 + b_2 + \ldots)^2}.$$

Um die Rechnung mit diesen Ausdrücken für Impedanz und Admittanz weiter zu vereinfachen, werden zwei Faktoren eingeführt: der „Leistungsfaktor" k und der „Reaktanzfaktor" t.

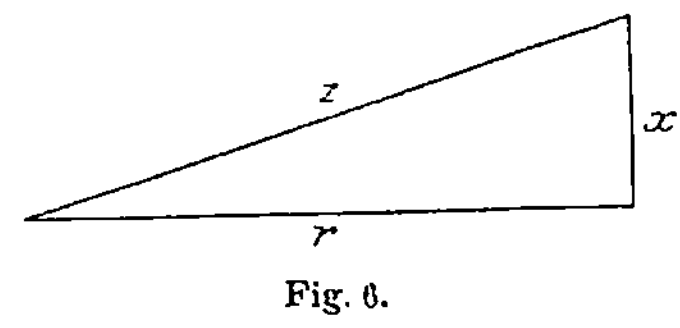

Fig. 6.

Mit Hilfe des charakteristischen Dreiecks, Fig. 6, das die Beziehungen zwischen Ohmschem Widerstand, Reaktanz und Impedanz darstellt, werden diese Faktoren durch folgende Gleichungen definiert:

$$k = \cos \varphi = \frac{r}{z}$$

$$t = \operatorname{tg} \varphi = \frac{x}{r}.$$

Ist eine der beiden Größen k oder t bekannt, so läßt sich die andere sofort aus einer trigonometrischen Tabelle ermitteln. Tabelle VIII gibt die Werte von t als Funktion von k in einer handlicheren Form als die gewöhnlichen trigonometrischen Tabellen.

Bei Benutzung dieser trigonometrischen Faktoren ergeben sich folgende Gleichungen für die Stromstärke, die Spannung, den Ohmschen Widerstand und die Konduktanz:

$$\text{Stromstärke } . \ J = \frac{k\,E}{r} = \frac{g\,E}{k} = \frac{W}{k\,E} \qquad 1)$$

$$\text{Spannung } .. \ E = \frac{k\,J}{g} = \frac{r\,J}{k} = \frac{W}{k\,J} \qquad 2)$$

$$\text{Ohmscher Widerstand } r = \frac{W}{J^2} = \frac{(k\,E)^2}{W} \qquad 3)$$

$$\text{Konduktanz } \ldots \ g = \frac{W}{E^2} = \frac{(k\,J)^2}{W} \qquad 4)$$

Reaktanzfaktor von zwei oder mehr hintereinander geschalteten Leitern. Da Ohmsche Widerstände und Reaktanzen jedes für sich addiert werden können, so wird der resultierende Ohmsche Widerstand von zwei oder mehreren Leitern

$$R^1) = r_1 + r_2 + \ldots \ldots \qquad 5)$$

Die resultierende Reaktanz wird

$$X = x_1 + x_2 + \ldots \ldots \qquad 6)$$

Daraus ergibt sich der Reaktanzfaktor für zwei oder mehr hintereinander geschaltete Leiter zu

$$T = \frac{X}{R} = \frac{x_1 + x_2 + \ldots \ldots}{r_1 + r_2 + \ldots \ldots} \qquad 7)$$

oder

$$T = \frac{r_1 t_1 + r_2 t_2 + \ldots \ldots}{r_1 + r_2 + \ldots \ldots} \qquad 7\,a)$$

Der Ausdruck für den resultierenden Reaktanzfaktor hat die Form einer Momentengleichung.

Reaktanzfaktor von zwei oder mehr parallel geschalteten Leitern. Ähnlich wie bei den in Reihe geschalteten Leitern ergibt sich

$$G = g_1 + g_2 + \ldots \ldots \qquad 8)$$

$$B = b_1 + b_2 + \ldots \ldots \qquad 9)$$

$$T = \frac{B}{G} = \frac{b_1 + b_2 + \ldots \ldots}{g_1 + g_2 + \ldots \ldots} \qquad 10)$$

oder

$$T = \frac{g_1 t_1 + g_2 t_2 + \ldots \ldots}{g_1 + g_2 + \ldots \ldots} \qquad 10\,a)$$

---

[1]) In Anhang I bedeuten die kleinen Buchstaben die Werte eines einzelnen Leiterelementes, die großen Buchstaben die Werte einer Leiterkombination.

Tabelle VIII.

Werte von t (= $\operatorname{tg}\varphi$) als Funktion von ($k = \cos\varphi$).

K	0,000	0,002	0,004	0,006	0,008	K	0,000	0,002	0,004	0,006	0,008
0,00		500	250	167	125	0,50	1,732	1,723	1,714	1,705	1,696
0,01	100	83,3	71,4	62,5	55,5	0,51	1,687	1,678	1,669	1,660	1,651
0,02	50,0	45,4	41,6	38,4	35,7	0,52	1,643	1,634	1,626	1,617	1,608
0,03	33,3	31,2	29,4	27,7	26,3	0,53	1,600	1,592	1,583	1,575	1,567
0,04	24,9	23,8	22,7	21,7	20,8	0,54	1,559	1,550	1,542	1,534	1,526
0,05	20,0	19,2	18,5	17,8	17,2	0,55	1,519	1,511	1,503	1,495	1,487
0,06	16,6	16,1	15,6	15,1	14,7	0,56	1,479	1,471	1,464	1,457	1,449
0,07	14,3	13,8	13,5	13,1	12,8	0,57	1,442	1,434	1,427	1,419	1,412
0,08	12,5	12,2	11,9	11,6	11,3	0,58	1,404	1,397	1,390	1,383	1,376
0,09	11,1	10,8	10,6	10,4	10,2	0,59	1,368	1,361	1,354	1,347	1,340
0,10	9,95	9,75	9,56	9,38	9,21	0,60	1,333	1,326	1,319	1,313	1,306
0,11	9,03	8,87	8,71	8,56	8,41	0,61	1,299	1,292	1,286	1,279	1,272
0,12	8,27	8,14	8,00	7,87	7,75	0,62	1,265	1,259	1,252	1,246	1,239
0,13	7,63	7,51	7,40	7,28	7,18	0,63	1,233	1,226	1,220	1,213	1,207
0,14	7,07	6,97	6,87	6,78	6,68	0,64	1,201	1,194	1,188	1,181	1,175
0,15	6,59	6,50	6,42	6,33	6,25	0,65	1,169	1,163	1,157	1,151	1,144
0,16	6,17	6,09	6,02	5,94	5,87	0,66	1,138	1,132	1,126	1,120	1,114
0,17	5,80	5,73	5,66	5,59	5,53	0,67	1,108	1,102	1,096	1,090	1,084
0,18	5,47	5,40	5,34	5,28	5,22	0,68	1,078	1,072	1,067	1,061	1,055
0,19	5,17	5,11	5,06	5,00	4,95	0,69	1,049	1,043	1,037	1,032	1,026
0,20	4,90	4,85	4,80	4,75	4,70	0,70	1,020	1,015	1,009	1,003	0,997
0,21	4,66	4,61	4,56	4,52	4,48	0,71	0,992	0,986	0,981	0,975	0,969
0,22	4,43	4,39	4,35	4,31	4,27	0,72	0,964	0,958	0,953	0,947	0,942
0,23	4,23	4,19	4,15	4,12	4,08	0,73	0,936	0,931	0,925	0,920	0,914
0,24	4,05	4,01	3,97	3,94	3,91	0,74	0,909	0,904	0,898	0,893	0,887
0,25	3,87	3,84	3,81	3,78	3,75	0,75	0,882	0,877	0,871	0,866	0,860
0,26	3,71	3,68	3,65	3,62	3,59	0,76	0,855	0,850	0,845	0,839	0,834
0,27	3,57	3,54	3,51	3,48	3,46	0,77	0,829	0,823	0,818	0,813	0,808
0,28	3,43	3,40	3,38	3,35	3,33	0,78	0,802	0,797	0,792	0,787	0,781
0,29	3,30	3,28	3,25	3,23	3,20	0,79	0,776	0,771	0,766	0,760	0,755
0,30	3,18	3,16	3,13	3,11	3,09	0,80	0,750	0,745	0,740	0,734	0,729
0,31	3,07	3,05	3,02	3,00	2,98	0,81	0,724	0,719	0,714	0,708	0,703
0,32	2,96	2,94	2,92	2,90	2,88	0,82	0,698	0,693	0,688	0,682	0,677
0,33	2,86	2,84	2,82	2,80	2,78	0,83	0,672	0,667	0,662	0,656	0,651
0,34	2,77	2,75	2,73	2,71	2,69	0,84	0,646	0,641	0,635	0,630	0,625
0,35	2,68	2,66	2,64	2,63	2,61	0,85	0,620	0,614	0,609	0,604	0,599
0,36	2,59	2,58	2,56	2,54	2,53	0,86	0,593	0,588	0,583	0,577	0,572
0,37	2,51	2,50	2,48	2,46	2,45	0,87	0,567	0,561	0,556	0,551	0,545
0,38	2,43	2,42	2,40	2,39	2,38	0,88	0,540	0,534	0,529	0,523	0,518
0,39	2,36	2,35	2,33	2,32	2,30	0,89	0,512	0,507	0,501	0,496	0,490
0,40	2,29	2,28	2,26	2,25	2,24	0,90	0,489	0,479	0,473	0,467	0,461
0,41	2,22	2,21	2,20	2,19	2,17	0,91	0,456	0,450	0,444	0,438	0,432
0,42	2,16	2,15	2,14	2,12	2,11	0,92	0,426	0,420	0,414	0,408	0,401
0,43	2,10	2,09	2,08	2,06	2,05	0,93	0,395	0,389	0,383	0,376	0,370
0,44	2,04	2,03	2,02	2,01	2,00	0,94	0,363	0,356	0,350	0,343	0,336
0,45	1,98	1,97	1,96	1,95	1,94	0,95	0,329	0,321	0,314	0,307	0,299
0,46	1,93	1,92	1,91	1,90	1,89	0,96	0,292	0,284	0,276	0,268	0,259
0,47	1,88	1,87	1,86	1,85	1,84	0,97	0,251	0,242	0,232	0,223	0,213
0,48	1,83	1,82	1,81	1,80	1,79	0,98	0,203	0,192	0,181	0,169	0,156
0,49	1,78	1,77	1,76	1,75	1,74	0,99	0,143	0,127	0,110	0,090	0,063

Beispiel: Der Reaktanzfaktor, der dem Leistungsfaktor $k = 0{,}816$ entspricht, ist $t = 0{,}708$.

Hochspannungsleitung, nur mit Ohmschem Widerstand und Selbstinduktion behaftet.

Einphasen-Linie.

Gegeben ist:

W = Belastung am Ende der Leitung in Watt,

k = Leistungsfaktor am Ende der Leitung,

E = Spannung am Ende der Leitung in Volt,

r_1 = Widerstand der Linie (Hin- plus Rückleitung) in Ohm,

t_1 = Reaktanzfaktor (Tabelle IX gibt die Werte des Reaktanzfaktors für verschiedene Leiterquerschnitte bei verschiedenen Leiterabständen. Näheres siehe unten).

Gesucht ist:

J = Stromstärke in Ampere,

E_0 = Spannung am Anfang der Leitung in Volt,

K_0 = Leistungsfaktor am Anfang der Leitung,

W_0 = Erzeugte Energie am Anfang der Leitung in Watt.

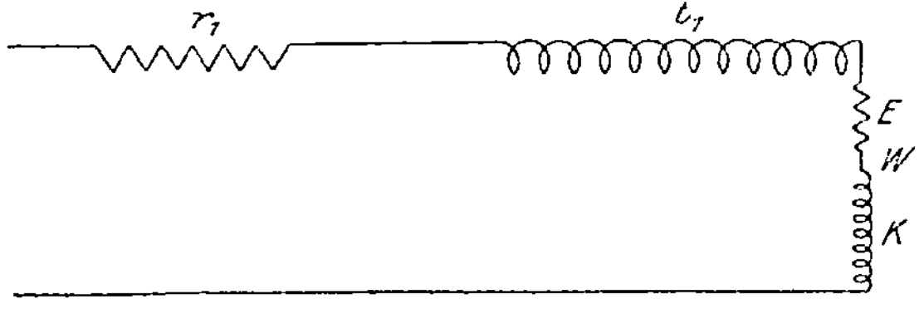

Fig. 7.

Gleichung 1) ergibt

$$J = \frac{W}{k\,E}.$$

Aus Gleichung 3) folgt der Ohmsche Widerstand der Belastung am Ende der Leitung

$$r = \frac{(k\,E)^2}{W}.$$

Tabelle VIII zeigt den Reaktanzfaktor t, der dem Leistungsfaktor k entspricht.

Gleichung 7a) ergibt für den Reaktanzfaktor am Anfang der Leitung

$$T_0 = \frac{r\,t + r_1\,t_1}{r + r_1}.$$

Aus Tabelle VIII ist wieder K_0, der Leistungsfaktor am Anfang der Leitung, zu entnehmen.

Die Gleichungen 2) und 1) ergeben die Spannung am Anfang der Leitung zu

$$E_0 = \frac{r + r_1}{K_0}\, J = \frac{r + r_1}{r}\, \frac{k}{K_0}\, E.$$

Nach Gleichung 3) ist die am Anfang der Leitung erzeugte Energie

$$W_0 = (r + r_1)\, J^2 = \frac{r + r_1}{r}\, W.$$

Die vorstehenden Formen können etwas vereinfacht werden, wenn man das Verhältnis: „Energieverlust auf der Linie" zu „Energie am Ende der Linie" einführt. Dieses Verhältnis, das durch den Buchstaben Q bezeichnet sei, hat den Wert

$$Q = \frac{r_1}{r} = \frac{r_1\, J}{k\, E} = \frac{r_1\, W}{(k\, E)^2}.$$

Mit Hilfe dieser Substitution ergeben sich **folgende exakte Gleichungen:**

$$\text{Stromstärke } J = \frac{W}{k\, E}.$$

Verhältnis „Energieverlust auf der Linie" zu „Energie am Ende der Linie"

$$Q = \frac{r_1\, J}{k\, E}.$$

Energie, die am Anfang der Leitung erzeugt wird

$$W_0 = (1 + Q)\, W.$$

Reaktanzfaktor am Anfang der Leitung

$$T_0 = \frac{t + t_1\, Q}{1 + Q}.$$

Leistungsfaktor am Anfang der Leitung K_0 entsprechend T_0, aus Tabelle VIII ersichtlich.

Verhältnis „Spannungsabfall auf der Linie" zu „Spannung am Ende der Linie"

$$D = \frac{k}{K_0}\, (1 + Q) - 1.$$

Spannung am Anfang der Leitung

$$E_0 = (1 + D)\, E.$$

$$\left.\begin{array}{l}\\ \\ \\ \\ \\ \\ \\ \\ \\ \\ \\ \\ \\ \\ \\ \\ \end{array}\right\} \;11)$$

Drehstrom-Linie. Die vorstehend entwickelten Formeln sind auch für eine Drehstromleitung gültig, wenn man folgende Abänderungen vornimmt:

Tabelle IX.

Reaktanzfaktoren von Kupferdrähten bei 100 Per./Sek.

Quer-schnitt mm²	Widerstand pro km Drahtlänge bei 15° C Ohm	Reaktanzfaktoren bei Drahtabstand in m									
		0,25	0,50	0,75	1,00	1,25	1,50	1,75	2,00	2,25	2,50
10	1,755	0,372	0,424	0,452	0,470	0,486	0,500	0,512	0,522	0,530	0,538
16	1,095	0,570	0,638	0,690	0,726	0,752	0,774	0,790	0,806	0,820	0,832
25	0,703	0,850	0,974	1,056	1,098	1,136	1,170	1,200	1,220	1,232	1,260
35	0,502	1,149	1,325	1,422	1,495	1,552	1,590	1,632	1,666	1,698	1,730
50	0,351	1,580	1,830	1,997	2,078	2,150	2,220	2,276	2,318	2,360	2,400
70	0,251	2,120	2,498	2,676	2,820	2,936	3,020	3,098	3,160	3,220	3,274
95	0,1845	2,778	3,256	3,530	3,738	3,880	4,002	4,106	4,196	4,265	4,340
120	0,1461	3,410	4,000	4,360	4,596	4,800	4,960	5,086	5,192	5,280	5,380

Anmerkungen: Die obigen Reaktanzfaktoren sind für massive Drähte berechnet, sie sind bis auf einen Fehler von ungefähr 1% auch für verseilte Drähte richtig.

Die Reaktanzfaktoren sind der Frequenz direkt proportional; bei 50 Per./Sek. z. B. sind obige Werte mit 0,5 zu multiplizieren.

Stromstärke $J = \dfrac{W}{\sqrt{3}\, k\, E}$.

Der Ohmsche Widerstand r_1 ist der Widerstand eines einzelnen Leiters (Phase) der Linie.

Das Verhältnis Q bekommt den Wert:

$$Q = \frac{\sqrt{3}\, r_1\, J}{k\, E}.$$

Die Gleichung für die Spannung E_0 am Anfang der Leitung kann in eine Form gebracht werden, die nicht den Leistungsfaktor K_0 enthält. Diese Form ergibt gleichzeitig eine einfache Näherungsgleichung für den Spannungsabfall in der Linie. Die Näherungsgleichung wird mit Hilfe der bekannten trigonometrischen Beziehung

$$\frac{1}{K_0} = \sqrt{1 + T_0^2}$$

$$\left(\text{entsprechend } \frac{1}{\cos^3} = 1 + \text{tg}^2\right)$$

gewonnen.

Gleichung 11) hatte ergeben

$$E_0 = \frac{k}{K_0} (1 + Q) E.$$

Vorstehende trigonometrische Beziehung eingesetzt, ergibt nach einigen Umformungen

$$E_0 = E \sqrt{1 + 2 (1 + t\, t_1)\, k^2\, Q + \left(\frac{k}{k_1}\, Q\right)^2}.$$

Wenn man den Wurzelausdruck in eine unendliche Reihe verwandelt und dabei die zweite und die höheren Potenzen von Q vernachlässigt, so ergibt sich als erste Annäherung für die gewöhnlichen praktischen Fälle, bei denen der Energieverlust in der Linie 20% nicht übersteigt, und die Reaktanz der Leitung von derselben Größenordnung ist wie der Ohmsche Widerstand, die Gleichung

$$E_0 = E\, [1 + (1 + t_1\, t)\, k^2\, Q].$$

Setzt man

$$M = (1 + t_1\, t)\, k^2,$$

so gewinnt man die Gleichung

$$E_0 = (1 + M\, Q)\, E.$$

Das Verhältnis „Spannungsabfall auf der Linie" zu „Spannung am Ende der Leitung" bekommt den Wert

$$D = M\, Q^1).$$

M kann der „Spannungsverlustfaktor" genannt werden, seine Größe hängt nur von den Reaktanzfaktoren der Linie und der Belastung ab.

Der Leistungsfaktor am Anfang der Linie ist

$$K_0 = \frac{W}{E_0\, J} = \frac{1 + Q}{1 + D}\, k.$$

Es ergeben sich somit **für die drei charakteristischen Werte einer Hochspannungsleitung die Näherungsgleichungen**

---

[1]) Einen geometrischen Beweis für diese Gleichung hat Pender in der „Electrical World", Bd. 46, 1905, S. 18 entwickelt. Dort ist auch die in der Gleichung enthaltene Annäherung geometrisch anschaulich gemacht.

$$Q = \frac{r_1 W}{(k\,E)^2}$$
$$D = M\,Q \qquad\qquad \Bigg\} \; 12)$$
$$K_0 = \frac{1+Q}{1+D}\,k.$$

Die Gleichungen 12) gelten für Drehstromleitungen mit denselben Abänderungen für J und r_1, die oben für die exakten Gleichungen 11) gegeben sind. Der Ausdruck für Q dagegen bleibt in der Form der Gleichung 12) auch für Drehstromleitungen bestehen.

Die Ausdrücke der Gleichungen 12) für D und K_0 sind angenäherte, jedoch für die meisten praktischen Fälle hinreichend genau. Tabelle X zeigt die Werte von M für verschiedene Reaktanzfaktoren der Linie. Bezüglich des Genauigkeitsgrades, den die Tafel ergibt, sei bemerkt, daß beispielsweise ein Fehler von 5% in einem Spannungsabfall von 10% erst einen Fehler von 0,5% in dem absoluten Werte der Spannung bedeutet.

Numerische Beispiele. Eine Leistung von 5000 KW sei vermittels einer Einphasenlinie von 70 mm² Kupferquerschnitt über 60 km zu übertragen. Die Linie werde mit einer Spannung von 30000 Volt am Ende bei 25 Perioden in der Sekunde betrieben. Der Leistungsfaktor der Belastung am Ende sei 0,95. Der Abstand der Drähte voneinander betrage 1,25 m.

Aus Tabelle IX ergibt sich

$$r_1 = 2 \cdot 60 \cdot 0{,}251 = 30{,}1 \text{ Ohm}$$

$$t_1 = \frac{2{,}936}{4} = 0{,}734 \text{ (nach Tabelle IX)}.$$

Die exakten Gleichungen 11) ergeben

$$J = \frac{5 \cdot 10^6}{0{,}95 \cdot 3 \cdot 10^4} = 175{,}6 \text{ Amp.}$$

$$Q = \frac{30{,}1 \cdot 175{,}6}{0{,}95 \cdot 3 \cdot 10^4} = 0{,}1854$$

$$W_0 = 1{,}1854 \cdot 5000 = 5927 \text{ KW}$$

$$T_0 = \frac{0{,}329 + 0{,}734 \cdot 0{,}1854}{1{,}1854} = 0{,}393;$$

darin ist $0{,}329 = t$ der zu $k = 0{,}95$ gehörige Reaktanzfaktor.

$$K_0 = 0,931$$

$$D = \frac{0,95}{0,931} \cdot 1,1854 - 1 = 0,210$$

$$E_0 = 1,21 \cdot 30\,000 = 36\,300 \text{ Volt.}$$

Die Näherungsgleichungen 12) ergeben

$$Q = \frac{30,1 \cdot 5 \cdot 10^6}{(0,95 \cdot 3 \cdot 10^4)^2} = 0,1854.$$

Aus Tabelle X ergibt sich der Spannungsverlustfaktor

$$M = 1\,12$$

$$D = 1,12 \cdot 0,1854 = 0,208$$

$$K_0 = \frac{1,1854}{1,208} \cdot 0,95 = 0,933.$$

Die mit Hilfe der Näherungsgleichungen gefundenen Werte für D und K_0 weichen erst in der dritten Dezimalstelle um ein geringes von den exakt berechneten Zahlen ab.

Wenn dieselbe Energie vermittels einer Drehstromleitung übertragen wird, wobei alle übrigen Daten wie Leitungslänge, Leistungsfaktor der Belastung, Frequenz, Querschnitt und gegenseitiger Abstand der Drähte unverändert bleiben, so ergeben sich folgende Resultate:

$$r_1 = 60 \cdot 0,251 = 15,06 \text{ Ohm}$$

$$t_1 = \frac{2,936}{4} = 0,734$$

Die exakten Gleichungen (11) ergeben

$$J = \frac{5 \cdot 10^6}{\sqrt{3} \cdot 0,95 \cdot 3 \cdot 10^4} = 101,5 \text{ Amp.}$$

$$Q = \frac{\sqrt{3} \cdot 15,06 \cdot 101,5}{0,95 \cdot 3 \cdot 10^4} = 0,0927$$

$$W_0 = 1,0927 \cdot 5000 = 5464 \text{ KW}$$

$$T_0 = \frac{0,329 + 0,734 \cdot 0,0927}{1,0927} = 0,363$$

$$K_0 = 0,940$$

$$D = \frac{0,95}{0,94} \cdot 1,0927 - 1 = 0,105$$

$$E_0 = 1,106 \cdot 30\,000 = 33\,180 \text{ Volt}$$

Tabelle X.

Spannungsverlustfaktor $M = (1 + t_1\, t)\, k^2$.

Reaktanz-faktor	Leistungsfaktor nacheilend						
	100	98	95	90	85	80	70
0,0	1,00	0,96	0,90	0,81	0,72	0,64	0,49
0,1	1,00	0,98	0,93	0,85	0,77	0,69	0,54
0,2	1,00	1,00	0,96	0,89	0,81	0,74	0.59
0,3	1,00	1,02	0,99	0,93	0,86	0,78	0,64
0,4	1,00	1,04	1,02	0,97	0,90	0,83	0,69
0,5	1,00	1,06	1,05	1.01	0,95	0,88	0,74
0,6	1,00	1,08	1,08	1,05	0,99	0,93	0,79
0,7	1,00	1,10	1,11	1,09	1,04	0,98	0,84
0,8	1,00	1,12	1,14	1,13	1,08	1,02	0,89
0,9	1,00	1,14	1,17	1,17	1,13	1,07	0,94
1,0	1,00	1,16	1,20	1,21	1,17	1,12	0,99
1,1	1,00	1,17	1,23	1,25	1,22	1,17	1,04
1,2	1,00	1,19	1,26	1,29	1,26	1,22	1,09
1,3	1.00	1,21	1.29	1,32	1,30	1,28	1,14
1,4	1,00	1,23	1,32	1,36	1,35	1,31	1,19
1,5	1,00	1,25	1,35	1,40	1,39	1,36	1,24
1,6	1,00	1,27	1,38	1,44	1,44	1,41	1,29
1,7	1,00	1,29	1,41	1,48	1,48	1,46	1,34
1,8	1,00	1,31	1,44	1,52	1,53	1,50	1,39
1,9	1,00	1,33	1,47	1,56	1,57	1.55	1,44
2,0	1,00	1,35	1,50	1.60	1 62	1,60	1,49
2,1	1,00	1,37	1,53	1.64	1,66	1,65	1,54
2,2	1,00	1.39	1,56	1,68	1,71	1,70	1,59
2,3	1,00	1,41	1,59	1,72	1,75	1,74	1,64
2,4	1,00	1,43	1,62	1,76	1,80	1,79	1,69
2,5	1,00	1,45	1,64	1,80	1,84	1,84	1,74
2,6	1,00	1,47	1,67	1,84	1,89	1,89	1,79
2,7	1,00	1,49	1,70	1,88	1,93	1,94	1,84
2,8	1,00	1,51	1,73	1,92	1,98	1,98	1,89
2,9	1,00	1,53	1,76	1,96	2,02	2,03	1,94
3,0	1,00	1,55	1,79	2,00	2,07	2,08	1,99
3,1	1,00	1,56	1,82	2,04	2,11	2,13	2,04
3,2	1,00	1,58	1,85	2,08	2,16	2,18	2,09
3,3	1,00	1,60	1,88	2,12	2,20	2,22	2,14
3,4	1,00	1,62	1,91	2,16	2,25	2,27	2,19
3,5	1,00	1,64	1,94	2,20	2,29	2,32	2,24
3,6	1,00	1,66	1,97	2,24	2,34	2,37	2,29
3,7	1,00	1,68	2,00	2,28	2,38	2,42	2,34
3,8	1,00	1,70	2,03	2,32	2,42	2,46	2,39
3,9	1,00	1,72	2,06	2,35	2,47	2,51	2,44

Die Näherungsgleichungen (12) ergeben

$$Q = \frac{15{,}06 \cdot 5 \cdot 10^6}{(0{,}95 \cdot 3 \cdot 10^4)^2} = 0{,}0927$$

$$M = 1{,}12$$

$$D = 1{,}12 \cdot 0{,}0927 = 0{,}104$$

$$K_0 = \frac{1{,}0927}{1{,}104} \cdot 0{,}95 = 0{,}940$$

Der Unterschied zwischen den durch die Näherungsgleichungen gefundenen und den exakt ermittelten Werten beträgt bei D 0,001, bei K_0 ist ein Unterschied nicht vorhanden.

Hochspannungsleitung mit Ohmschem Widerstand, Selbstinduktion und Kapazität behaftet.

Die Wirkung der Kapazität einer Hochspannungsleitung wird für die Berechnung mit einer in den meisten praktischen Fällen ausreichenden Genauigkeit berücksichtigt, wenn man am Anfang wie am Ende der Leitung sich je einen im Nebenschluß geschalteten Kondensator denkt, dessen Kapazität gleich der Hälfte der Kapazität der Hochspannungsleitung ist. Fig. 8 zeigt diese Schaltung.

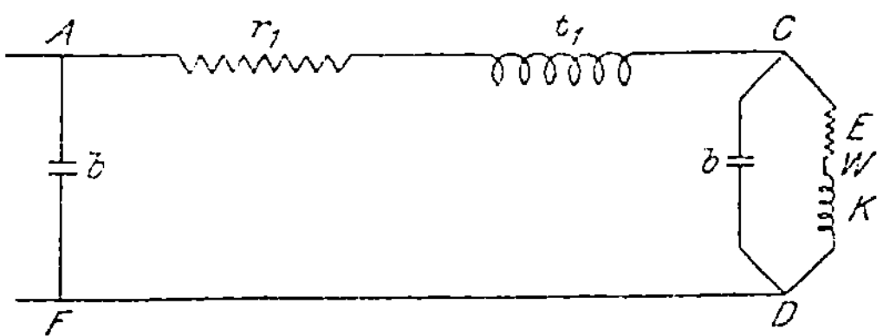

Fig. 8.

Gegeben ist

r_1 = Widerstand (Hin- plus Rückleitung) in Ohm,

t_1 = Reaktanzfaktor der Linie,

b = ein halb der Kapazitäts-Suszeptanz der Linie (vgl. Tabelle IV),

E = Spannung am Ende der Leitung in Volt,

W = Energie am Ende der Leitung in Watt,

k = Leistungsfaktor der Belastung am Ende der Leitung.

Die gesuchten Werte sind die gleichen, wie oben bei der nur mit Ohmschem Widerstand und Selbstinduktion behafteten Leitung angegeben.

Aus Gleichung (4) ergibt sich die Konduktanz der Belastung am Ende zu

$$g = \frac{W}{E^2}$$

Der Reaktanzfaktor der Belastung ist t entsprechend dem Werte von k.

Der Reaktanzfaktor am Ende der Leitung, der sich aus der Parallelschaltung von Belastung und Kondensator ergibt, ist nach Gleichung 10a)

$$T_1 = \frac{gt + b}{g}.$$

Gleichung 4) hier eingesetzt, ergibt

$$T = t + \frac{b\,E^2}{W}. \qquad 14)$$

Der Leistungsfaktor am Ende der Leitung, der sich aus der Parallelschaltung von Belastung und Kondensator ergibt, K_1, entspricht dem Werte T_1.

Nach Ermittlung von K_1 können der Energieverlust, der Spannungsabfall und der Leitungsfaktor der Leiterkombination A C D entweder aus den exakten Gleichungen 11) oder aus den Näherungsgleichungen 12) ermittelt werden. Der Energieverlust und der Spannungsabfall des vollständigen Stromkreises A C D F sind die gleichen wie die des Teiles A C D; der Leistungsfaktor K_0' des gesamten Stromkreises A C D F, d. i. der Leistungsfaktor am Anfang der Leitung, entspricht dem Reaktanzfaktor T_0' des gesamten Stromkreises.

$$T_0' = T_0 + \frac{b\,E_0^2}{W_0} \qquad 14)$$

T_0 ist der Reaktanzfaktor des Teiles A C D.

Drehstrom-Linie. Die vorstehenden Gleichungen gelten auch für eine Drehstromlinie, wenn

r_1 = Ohmscher Widerstand eines einzelnen Leiters (Phase),

b = Kapazität-Suszeptanz jedes Paares von Leitern

bedeutet. Die anderen Buchstaben behalten ihre Bedeutung unverändert.

Beispiel: Eine Leistung von 7500 KW soll vermittels einer Drehstromleitung von 3×70 mm² Kupferquerschnitt über 230 km übertragen werden. Jeder Leiter besteht aus einer

Anzahl von Drähten, die um eine Hanfseele verseilt sind (11 mm äußerer Durchmesser). Die Spannung am Ende der Leitung betrage 60 000 Volt bei 60 Perioden in der Sekunde. Der Abstand der Drähte voneinander sei 2,50 m.

Tabelle XI.

Kilometrische Kapazitäts-Suszeptanz zweier paralleler Drähte bei 100 Per./Sek.

Querschnitt mm²	Drahtdurchmesser mm	Kapazitäts-Suszeptanzen bei Drahtabstand in m in Einheiten von -- 10^6									
		0,25	0,50	0,75	1,00	1,25	1,50	1,75	2,00	2,25	2,50
10	3,57	3,53	3,10	2,98	2,76	2,67	2,59	2,54	2,49	2,45	2,41
16	4,52	3,71	3,23	3,01	2,87	2,77	2,69	2,62	2,58	2,53	2,49
25	5,64	3,89	3,37	3,13	2,98	2,87	2,78	2,71	2,66	2,61	2,57
35	6,68	4,05	3,49	3,23	3,07	2,95	2,86	2,79	2,73	2,68	2,64
50	7,98	4,22	3,62	3,34	3,17	3,04	2,95	2,87	2,81	2,76	2,71
70	9,44	4,40	3,75	3,45	3,26	3,13	3,03	2,95	2,89	2,83	2,78
95	11,00	4,58	3,88	3,55	3,36	3,23	3,12	3,03	2,97	2,91	2,86
120	12,38	4,72	3,98	3,64	3,44	3,29	3,18	3,10	3,03	2,97	2,91

Anmerkungen: Die obigen Werte sind für massive Drähte berechnet; ein verseilter Draht hat eine um ungefähr 3% größere Suszeptanz. Für verseilte Drähte mit Hanfseele sind die dem äußeren Durchmesser dieses Drahtes entsprechenden Werte aus obiger Tabelle zu entnehmen; die Suszeptanz ist eine Funktion des Durchmessers, nicht des Querschnittes.

Der Ladestrom pro km einer Einphasen-Linie (2 km Draht) ergibt sich aus dem Produkt der obigen Werte mit der zwischen den Drähten herrschenden Spannung; der Ladestrom pro km einer Drehstrom-Linie (3 km Draht) ergibt sich aus dem 1,155fachen Produkt der obigen Werte mit der zwischen den Drähten herrschenden (verketteten) Spannung.

Die Kapazitäts-Suszeptanz ist der Frequenz direkt proportional; bei 50 Per./Sek. z. B. sind obige Werte mit 0,5 zu multiplizieren.

Aus den Daten ergibt sich:

$r_1 = 230 \cdot 0{,}251 = 57{,}6$ Ohm (Tabelle IX)

$t_1 = 0{,}6 \cdot 3{,}274 = 1{,}964$ (Tabelle IX)

$b = -0{,}6 \cdot 2{,}86 \cdot 10^{-6} \cdot 230 = -0{,}000394$ (Tabelle XI)

$E = 6 \cdot 10^4$ Volt

$W = 7{,}5 \cdot 10^6$ Watt

$k = 0{,}9$; dem entspricht $t = 0{,}484$.

Aus Gleichung 13) ergibt sich:

$$T_1 = 0,484 - \frac{0,000\,394 \cdot (6 \cdot 10^4)^2}{7,5 \cdot 10^6} = 0,295;$$

dem entspricht

$$K_1 = 0,959.$$

Bei Anwendung der Näherungsgleichungen 12) ergibt sich:

$$Q = \frac{57,6 \cdot 7,5 \cdot 10^6}{(0,959 \cdot 6 \cdot 10^4)^2} = 0,1306$$

$$M_1 = (1 + 1,964 \cdot 0,295) \cdot 0,959^2 = 1,45$$
$$D = 1,45 \cdot 0,1306 = 0,189$$
$$W_0 = 1,1306 \cdot 7500 = 8500 \text{ KW}$$
$$E_0 = 1,189 \cdot 60\,000 = 71\,300 \text{ Volt.}$$

Leistungsfaktor des Teiles A C D

$$K_0 = \frac{1,1306}{1,189} \cdot 0,959 = 0,915.$$

Reaktanzfaktor des Teiles A C D

$$T_0 = 0,441.$$

Reaktanzfaktor des vollständigen Stromkreises A C D F nach Gleichung 14)

$$T_0 = 0,441 - \frac{0,000\,304 \cdot 71\,300^2}{8,5 \cdot 10^6} = 0,205.$$

Leistungsfaktor des vollständigen Stromkreises A C D F

$$K_0' = 0.98.$$

Hochspannungsleitung mit Ohmschem Widerstand, Selbstinduktion, Kapazität und Ableitung behaftet[1]).

Die Ableitung, die die Übergangsverluste (vgl. Anhang II) bewirkt, kann, ebenso wie im vorhergehenden Abschnitt die Kapazität, dadurch berücksichtigt werden, daß man sich den Isolationswiderstand der Leitung r_i je zur Hälfte am Anfang und Ende der Leitung konzentriert und der Kapazität sowie der Belastung parallel geschaltet denkt. Fig. 9 zeigt das Schaltungsschema hierfür.

Die Bedeutung der Buchstaben ist dieselbe wie in Fig. 8.

Bei Berücksichtigung der dem halben Isolationswiderstand der Leitung entsprechenden Leitfähigkeit h_1 wird der Reaktanzfaktor am Ende der Leitung an Stelle von Gleichung 13)

---

[1]) Das Wort Ableitung ist hier der Kürze halber gebraucht und soll die eigentlichen Ableitungs-plus den Strahlungsverlusten andeuten.

$$T_1 = \frac{b + g\,t}{g + h_1}.$$ 15)

Der Fortgang der Berechnung ist derselbe wie hinter Gleichung 13). Der Reaktanzfaktor des gesamten Stromkreises A C D wird an Stelle von Gleichung 14)

$$T_0 = \frac{b + g_0\,T_0}{g_0 + h_1}.$$ 16)

Hierin ist $g_0 = \dfrac{W_0}{E_0^2}$; $T_0 =$ Reaktanzfaktor des Teiles A C D.

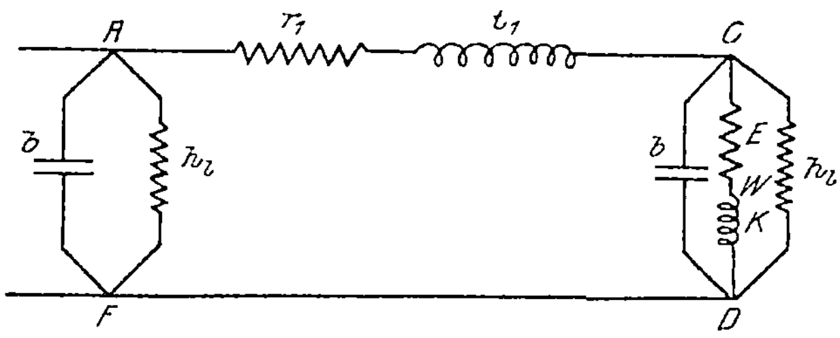

Fig. 9.

Es sei bemerkt, daß sich die Pendersche Rechnungs-Methode außer auf Hochspannungsleitungen auch auf Transformatoren und Induktionsmotoren anwenden läßt.

Erläuterungen zu den Tabellen IX und XI.

Tabelle IX. Die Werte dieser Tabelle sind gemäß der oben gegebenen Definition des Reaktanzfaktors berechnet aus der Gleichung

$$t = \frac{x}{r} = \frac{\omega L}{r}.$$

Darin wird für 100 Per./Sek.

$$\omega = 2\,\pi \cdot 100 = 628,4.$$

Der Selbstinduktionskoeffizient ist ermittelt auf Grund der Gleichung

$$L = 0,4605 \log \frac{d}{\varrho} + 0,05 \text{ in Millihenry.}$$

Diese Gleichung ergibt den Selbstinduktionskoeffizenten pro km Leitungslänge. d ist der Drahtmittenabstand, ϱ der

Radius des Drahtquerschnittes, beide in denselben Längen-
einheiten.

r ist der Ohmsche Widerstand von 1 km Draht, der
spezifische Widerstand des Kupfers ist dabei mit $0{,}0175 = \dfrac{1}{57}$
angenommen.

Tabelle XI. Die Werte dieser Tabelle sind gewonnen aus
der Gleichung $b = -\,\omega\,C$.

C, die kilometrische Kapazität zweier paralleler Leiter,
ergibt sich aus der Gleichung

$$C = \frac{0{,}01207}{\log \dfrac{d}{\varrho}} \text{ in Mikrofarad.}$$

Die Bedeutung von ω, d und ρ ist die gleiche wie in
Tabelle IX.

Die Kapazität eines Zweiges (Drahtes) einer Drehstromleitung hat den Wert

$$C' = 2\,C = \frac{0{,}02414}{\log \dfrac{d}{r}} \text{ in Mikrofarad pro km.}$$

Der Ladestrom ergibt sich aus der Gleichung

$$J = \omega\,C\,E.$$

Bei einer Einphasen-Leitung ist E die zwischen den
Drähten herrschende Spannung, $\omega\,C$ ist direkt der Tabelle zu
entnehmen.

Bei einer Drehstrom-Leitung wird

$$J = \omega\,C'\,\frac{E}{\sqrt{3}} = \frac{2}{\sqrt{3}}\,\omega\,C\,E = 1{,}155\,\omega\,C\,E.$$

E ist die zwischen den Drähten herrschende (verkettete)
Spannung.

Anhang II.

Die Übergangsverluste von Hochspannungs-Freileitungen.

Die Übergangsverluste an Freileitungen, die sich aus den
sogenannten atmosphärischen oder Strahlungsverlusten und
den Isolations- oder Ableitungsverlusten zusammensetzen, sind

in den letzten Jahren wiederholt Gegenstand experimenteller
Untersuchungen gewesen. Unter den Forschern sind hauptsächlich die Amerikaner Scott, Ryan und Mershon zu
nennen. Besonders Mershon, der schon in den Jahren 1896
bis 1897 Messungen bei Telluride, Kolorado, vorgenommen
hatte, veranstaltete vor etwa 3 Jahren am Niagara neue um-
fassende Untersuchungen, deren Resultate er im Jahre 1908
in einer „High voltage measurements at Niagara" betitelten
Schrift veröffentlichte[1]). Auf Grund dieser Untersuchungen
sollen in folgendem einige Zahlenwerte gegeben werden, die
event. für praktische Berechnungen von Hochspannungsfreileitungen Verwendung finden können.

Von vornherein muß bemerkt werden, daß die Größe der
Übergangsverluste durch so viele Umstände bedingt ist, daß
es unmöglich erscheint, sie alle in einer Zahl zu begreifen.
Die Beschaffenheit des Wetters (Luftdruck, Luftfeuchtigkeit usw.),
die Beschaffenheit der Atmosphäre (Vorhandensein von Nebel,
Rauch usw.), die konstruktiven Verhältnisse der Leitung
(Querschnitt und Oberflächenbeschaffenheit der Leiter, Drahtmittenabstand, Isolatorform usw.) und die elektrischen Eigenschaften der Energieübertragung (Periodenzahl, Kurvenform
der Wechselströme usw.) beeinflussen die Höhe der Über-
tragungsverluste.

Mershon unterscheidet die Strahlungsverluste, d. h. die
zwischen den parallelen Leitern auftretenden Verluste, von den
Ableitungsverlusten, die durch die Isolatoren bewirkt werden.
Beträgt der Verlust pro Isolator A_0, und ist der Isolator der
Spannung e ausgesetzt, so ergibt sich die Leitfähigkeit der
Isolationsmasse des Isolators zu

$$h_0 = \frac{A_0}{e^2}.$$

Sind pro km und pro Leiter n Isolatoren vorhanden, so ist die
Leitfähigkeit der Isolierung pro Leiter $n\,h_0$.

Ebenso wird die Leitfähigkeit der Atmosphäre, wenn die
Größe der Strahlungsverluste zwischen den Drähten pro km
A' beträgt, und die Leiter der Spannung E ausgesetzt sind,

$$h' = \frac{A'}{E^2}$$

---

[1]) Proc. AJEE. 1908, S. 1027 ff.

Hier ist zu beachten, daß bei einer Drehstromleitung zwischen den Leitern die verkettete Spannung herrscht, während die Isolatoren, wenn der neutrale Punkt des Systems geerdet ist, nur der Phasenspannung ausgesetzt sind.

Strahlungs- und Ableitungsverluste zusammen bilden die Übergangsverluste. Man kann einen den Übergangsverlusten zugehörigen Begriff der Übergangs-Leitfähigkeit bilden. Die Größe dieser Leitfähigkeit pro Draht und pro km einer Drehstromleitung ergibt sich aus der Gleichung[1])

$$h_l = n\,h_0 + 3\,h'.$$

Die folgenden Werte für h_0 und h' beruhen auf den M e r s h o n schen Versuchsresultaten. Bei einer gegebenen

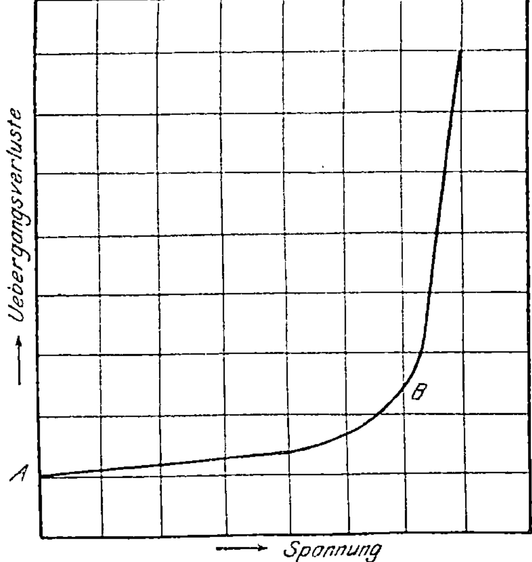

Fig. 10.

Leitung wachsen die Übergangsverluste mit steigender Spannung nach der bekannten in Fig. 10 dargestellten Kurve. Der unterhalb des kritischen Punktes liegende Ast der Kurve, A B, hat jedoch bei den verschiedenen Untersuchungsreihen, die die Veränderlichkeit der Übergangsverluste bei sich veränderndem

---

[1]) G. R o e ß l e r: Die Fernleitung von Wechselströmen, Berlin 1905, S. 68.

Drahtmittenabstand, Leiterquerschnitt, Periodenzahl usw. zeigen, fast immer dieselben Werte. Da nun bei praktischen Ausführungen von Hochspannungs-Freileitungen die Übergangsverluste sich unterhalb des kritischen Punktes halten müssen so kann man im Hinblick auf die Mershonschen Kurven den Einfluß von Drahtmittenabstand, Leiterquerschnitt und Periodenzahl vernachlässigen, soweit diese Faktoren sich innerhalb gewisser Grenzen halten. Die Übergangsverluste sind dann nur noch abhängig von der Spannung.

Für praktische Ausführungen von Hochspannungsleitungen liegen die erwähnten Grenzen bei den Periodenzahlen zwischen 15 und 50, die Querschnitte werden bei Spannungen über 60 000 Volt nicht unter 25 mm² genommen, der Drahtmittenabstand liegt bei

$$60\,000 \text{ Volt zwischen } 1{,}8 \text{ m und } 2{,}2 \text{ m}$$
$$80\,000 \text{ „ „ } 2{,}3 \text{ „ „ } 2{,}8 \text{ „}$$
$$100\,000 \text{ „ „ } 2{,}9 \text{ „ „ } 3{,}5 \text{ „}$$

Innerhalb dieser Grenzen kann man pro Isolator bei den gebräuchlichen Formen als Verlust A_0 annehmen (in Anlehnung an Fig. 31—34 der Mershonschen Abhandlung) bei

$$60\,000 \text{ Volt ca. } 4 \text{ Watt}$$
$$80\,000 \text{ „ „ } 5 \text{ „}$$
$$100\,000 \text{ „ „ } 6 \text{ „}$$

Die angegebenen Spannungen sind die verketteten einer Drehstromleitung, während die Isolatoren selbst, wie oben bemerkt, nur die Phasenspannung auszuhalten haben.

Sind pro Draht und pro km Leitungslänge 8 Isolatoren vorhanden (entsprechend ca. 140 m durchschnittlicher Spannweite), so ergibt sich die Leitfähigkeit der Isolatoren zu

	h_0	$8\,h_0$
60 000 Volt	$0{,}0033 \cdot 10^{-6}$	$0{,}0264 \cdot 10^{-6}$
80 000 „	$0{,}0023 \cdot$ „	$0{,}0184 \cdot$ „
100 000 „	$0{,}0018 \cdot$ „	$0{,}0144 \cdot$ „

Die Strahlungsverluste pro km Leitungslänge haben folgende Größe A' (in Anlehnung an Fig. 15 der Mershonschen Abhandlung)

$$60\,000 \text{ Volt } 53 \text{ Watt}$$
$$80\,000 \text{ „ } 76 \text{ „}$$
$$100\,000 \text{ „ } 99 \text{ „}$$

Hieraus ergibt sich die den Strahlungsverlusten entsprechende Leitfähigkeit

	h'	$3\,h'$
60 000 Volt	$0{,}0146 \cdot 10^{-6}$	$0{,}0438 \cdot 10^{-6}$
80 000　„	$0{,}0118 \cdot$　„	$0{,}0354 \cdot$　„
100 000　„	$0{,}0099 \cdot$　„	$0{,}0297 \cdot$　„

Aus den vorstehenden Leitfähigkeiten ergibt sich die den gesamten Übergangsverlusten entsprechende Leitfähigkeit h_1. Der reziproke Wert von h_1 kann als Gesamtisolationswiderstand r_i der Leitung bezeichnet werden.

	h_1 pro km	r_i pro km
60 000 Volt	$0{,}0702 \cdot 10^{-6}$	$14{,}2 \cdot 10^6$ Ohm
80 000　„	$0{,}0538 \cdot$　„	$18{,}6 \cdot$　„　„
100 000　„	$0{,}0441 \cdot$　„	$22{,}7 \cdot$　„　„

Bezüglich der vorstehenden Zahlen sei nochmals ausdrücklich bemerkt, daß sie nur als rohe Annäherungen aufzufassen sind. Da die Ableitungs- und Strahlungsverluste in den obigen Tabellen reichlich angesetzt sind, dürfte der Isolationswiderstand r_i im allgemeinen wohl etwas größer sein als angegeben.

Universitäts-Buchduckerei von Gustav Schade (Otto Francke)
in Berlin und Fürstenwalde (Spree).